竹林生态系统昆虫图鉴

INSECTS IN BAMBOO GROVES

昆虫图鉴

VOLUME 2 第二卷

梁照文　孙长海　翁　琴　主编
韩红香　姜　楠　刘腾腾　主审

中国农业出版社
农村读物出版社
北京

竹林生态系统
INSECTS IN BAMBOO
GROVES
昆虫图鉴

编委会

竹林生态系统
INSECTS IN BAMBOO GROVES
昆虫图鉴

主　编： 梁照文　孙长海　翁　琴

副主编： 王振华　闫喜中　禹海鑫　万晓泳　闫正跃　郑　炜
　　　　　胡黎明　陈展册　朱　彬　常晓丽　王美玲　毛　佳

编　者：

梁照文　宜兴海关	陈智明　榕城海关
童明龙　宜兴海关	郑　炜　宁波海关技术中心
张　栋　宜兴海关	朱宏斌　南京海关动植物与食品
孙旻旻　无锡海关	检测中心
史晓芳　无锡海关	许忠祥　南京海关动植物与食品
李艳华　无锡海关	检测中心
孙民琴　南通海关	陈展册　南宁海关技术中心
禹海鑫　南通海关	吴志毅　杭州海关技术中心
万晓泳　苏州海关	王振华　武汉海关技术中心
高　渊　苏州海关	杜　军　青岛邮局海关
王建斌　苏州海关	孙长海　南京农业大学
钱　路　常州海关	闫喜中　山西农业大学
朱　彬　靖江海关	申建梅　仲恺农业工程学院
丁志平　张家港海关	胡黎明　仲恺农业工程学院
金光耀　常熟海关	翁　琴　宜兴市自然资源和规划局
闫正跃　防城海关	王美玲　孝义市农业农村局

李耀华　交城县农业农村局　　　王金海　宜兴市林场有限公司

吕金柱　文水县林业局　　　　　王　波　宜兴市林场有限公司

常晓丽　上海市农业科学院　　　陆雄军　宜兴市林场有限公司

王宏宝　江苏徐淮地区淮阴农业　刘　政　宜兴市林场有限公司

　　　　科学研究所　　　　　　陈宇龙　宜兴市林场有限公司

毛　佳　江苏徐淮地区淮阴农业　汪建伟　北京虫警科技有限公司

　　　　科学研究所

主　审：

韩红香　中国科学院动物研究所

姜　楠　中国科学院动物研究所

刘腾腾　山东师范大学

竹林生态系统
INSECTS IN BAMBOO GROVES 昆虫图鉴

序

　　初识梁照文是在一次大赛现场。当得知他以超强的毅力和热情，每天凌晨四五点往返100公里进行收虫，收集到3万余个昆虫标本，鉴定昆虫900余种，发现10余个中国新纪录种、10余个大陆新纪录种、400余个江苏新纪录种时，我倍感震撼。后来，我到他的实验室参观，再次深受感动，欣然接受了为本书作序的请求。

　　中国是世界上竹类资源最为丰富、竹子栽培历史最为悠久的国家之一，竹林面积、竹材蓄积量、竹制品产量和出口量均居世界第一，竹加工技术和竹产品创新能力处于世界先进水平。第八次全国森林资源清查结果显示，我国竹林面积共601万公顷，比第七次清查增长了11.69%。2013年，全国竹材产量18.77亿根，竹业总产值1 670.75亿元。依据《竹产业发展十年规划》，到2020年，竹产区农民从事竹业的收入将占到纯收入的20%以上。因此，竹产业被称为生态富民产业和绿色循环产业，发展潜力巨大，市场前景广阔。本系列丛书的出版，可为竹林有害生物防治提供重要参考，为出口把关提供技术支撑。

　　本系列丛书是我国第一部竹林生态系统的昆虫图鉴，共分3卷出版。第一卷内容包含鳞翅目夜蛾总科，第二卷内容包含鳞翅目尺蛾总科、螟蛾总科及其他，第三卷内容包含鞘翅目、半翅目及其他。

　　本系列丛书具有如下特点：一是鳞翅目昆虫同时配原态图与展翅图，展现昆虫的原始状态，以弥补展翅图鳞粉掉落的不足；二是尽可能地配雌雄图，为辨别雌雄提供参考；三是备注昆虫的采集时间，可为昆虫采集或有害生物防治提供参考；四是鳞翅目昆虫配有自测的体长与翅展数据。

　　竹林昆虫种类调查成果在本系列丛书出版之前，已在国外期刊发表3个新种：宜兴嵌夜蛾、黑剑纹恩象和斯氏刺襀；国内期刊发表82个江苏新纪录种。

　　本系列丛书主要介绍了江苏竹林的昆虫种类，以及昆虫的寄主、分布、发生时间，发现的中国新纪录种、大陆新纪录种、江苏新纪录种，填补了历史的空白，对提高本地物种的防治、外来物种的预防和检疫效率、进行更深入的科研教育以及开发和利用昆虫资源有着重要的意义。

陈建东

2020年3月

　　本书是毛竹林昆虫多样性调查部分成果的小结，涉及尺蛾总科、螟蛾总科、网蛾总科、蚕蛾总科、钩蛾总科、枯叶蛾总科、斑蛾总科、卷蛾总科、谷蛾总科、蝙蝠蛾总科、木蠹蛾总科、麦蛾总科、巢蛾总科、凤蝶总科14个总科，尺蛾科、燕蛾科、草螟科、螟蛾科、网蛾科、蚕蛾科、箩纹蛾科、带蛾科、大蚕蛾科、天蛾科、钩蛾科、枯叶蛾科、刺蛾科、斑蛾科、卷蛾科、谷蛾科、蝙蝠蛾科、木蠹蛾科、尖蛾科、草蛾科、麦蛾科、织蛾科、雕蛾科、蛱蝶科、弄蝶科、灰蝶科、凤蝶科、粉蝶科28个科52个亚科277个属共358种。其中，中国新纪录种4个，江苏新纪录种154个。本书尺蛾科参照《世界尺蛾名录》的分类体系，钩蛾科参照《武夷山国家公园钩蛾科尺蛾科昆虫志》的分类体系，小蛾类参照《秦岭小蛾类》的分类体系，蝶类参照《中国蝴蝶图鉴》的分类体系，其余部分参照《中国动物志》的分类体系。

　　本书基于对2016年5月至2018年10月于湖㳇镇东兴村（31.217°N，119.801°E）、张渚镇省庄村小前岕（31.214°N，119.708°E）、宜兴竹海风景区（31.167°N，119.698°E）毛竹林中采用黑光灯和高压汞灯白布诱集所得标本鉴定、整理及所拍摄的照片，共有1 474幅彩图，其中未展翅的651幅，展翅的823幅，每幅图都标注了雌雄。本书对鉴别特征应用科普性语言进行了记述；根据相关文献资料补充了寄主，丰富了地理分布；列出了中文曾用名；附录介绍了灯诱时间。

　　感谢陆艳言、王宇、吴梦迪、植昭铭、龚玉娟、何馥晶与张佳峰同学在实习期间进行标本制作、拍照以及文字材料的整理；非常感谢中国科学院动物研究所韩红香副研究员与姜楠博士、潘晓丹博士百忙之中对本书尺蛾总科、钩蛾总科与天蛾科每一个种的复核审定；非常感谢刘腾腾教授、杨琳琳副研究员、刘平博士以及王恩翠硕士对小蛾类每一个种的复合审定；特别感谢单位历任领导（张怀东、刘秀芳、罗建国、王水明、丁义、汤小平、徐芝梅、谢建军、杭竹、汤芸等）对该项工作的大力支持。本书的出版得到宜兴市科技局项目（2018SF11）的经费支持，在此也表示感谢。

由于编者水平有限，编写时间仓促，书中难免有疏漏之处，诚望广大读者批评指正。

编　者
2022年1月

木蠹蛾总科 Cossoidea / 37

钩蛾总科 Drepanoidea / 38

蝶 类

PART 1

蛾　类

蚕蛾总科 Bombycoidea

蚕蛾科 Bombycidae

1.白弧野蚕蛾 *Bombyx lemeepauli* Lemée, 1950（江苏新纪录种）

鉴别特征：体长18mm，翅展37mm。触角灰褐色双栉齿状，内侧栉齿长于外侧，端部各节栉齿明显变短。头部、胸部、腹部和翅均为灰褐色，腹部第一节有深棕色横带。前翅近基部和近外缘处均有一条白色弧形横线，顶角端部有一个黑色大斑，下方略向内弯曲，外缘缘毛稍长，呈灰白色。后翅颜色较深，靠外缘的半部分呈棕褐色，近外缘有一条白色弧形的横线，后翅后缘中下部有一个明显的深棕色长条斑，其中有灰褐色纹。后翅反面颜色较深，斑和横线较为明显，且与正面相同。

寄主：桑科。

分布：江苏（宜兴）、陕西、甘肃、浙江、广西、四川、湖北、云南；越南、泰国。

雌　　　　　　　　　　雌

2.野蚕蛾 *Bombyx mandarina* Moore, 1912

鉴别特征：体长13～17mm，翅展37～45mm。触角灰褐色双栉齿状，内外侧栉接近等长。体、翅均为灰褐色至暗褐色，通常雄虫比雌虫色深，且雄虫身上各线条及斑纹也较雌虫明显。前翅具多条明显横纹，且近翅面中央处具一肾形斑纹，顶角向外突，外缘明显向内弯曲，顶角及外缘具褐色边。后翅后缘中央具一新月形黑色或棕黑色的斑，外围呈白色。

寄主：扶桑、桑、柞、榕、柘、构树等。

分布：江苏、内蒙古、陕西、山西、北京、河北、河南、山东、安徽、上海、浙江、湖北、湖南、江西、甘肃、福建、广东、广西、四川、贵州、云南、西藏、台湾以及东北地区；日本、朝鲜。

雄 雄

雄 雄

雌 雌

雌

3.家蚕蛾 *Bombyx mori* Linnaeus, 1758

鉴别特征：体长17～18mm，翅展36～40mm。触角褐色双栉齿状，雄虫栉齿明显长于雌虫，且雄虫触角比雌虫触角长。体白色，雄虫体色常稍深。前翅具多条明显的纵脉，外缘至顶角处明显向内凹。

寄主：桑。

分布：全国各地；世界各地。

雌   雌

箩纹蛾科 Brahmaeidae

1.黄褐箩纹蛾 *Brahamaea certhia* (Fabricius, 1793)

鉴别特征：体长42～47mm，翅展115～130mm。触角黄褐色双栉齿状。体黑褐色至黑色。前胸前缘及侧缘为黄褐色。前翅外缘具有一列近圆形的斑带，顶角具黑斑，斑带内侧分布有9条箩纹斑，前翅的后半部具由横向椭圆形黑斑组成的中部斑，该斑从后缘起的第3、4个斑的内侧呈尖形内弯。后翅斑纹较前翅简单，翅面中部横线曲折，其外侧具波浪状箩筐纹9垄。

寄主：女贞、桂花等木樨科植物。

分布：江苏、黑龙江、浙江以及华中、华北地区。

雄

雄

雄

雌

2.青球箩纹蛾 *Brahmaea hearseyi* White, 1862

鉴别特征：体长56mm，翅展155mm。触角褐色双栉齿状。体背面黑色，有褐边，中后胸背板全为灰褐色。腹部节间深褐色。前翅翅面中部近后缘处有球状浅色斑纹，内有3～6个黑点（有多种变异，同一个体左右可能不对称），翅面近顶角处有一近圆形的灰斑，上有4条横行的白色鱼鳞纹，翅面近后角区域有6行或7行箩筐纹，翅外缘还有7个青灰色的半球形斑，其上方又有3个向日葵籽状的斑纹，翅面近翅基区域有6纵行青黄色条纹。后翅翅面近中部有一曲折横纹，其内侧为棕黑色、有灰黄色斑，其外侧具波浪状箩筐纹9垄，外缘有一列半球状斑。

寄主：女贞属。

分布：江苏、四川、河南、贵州、广东、福建；印度、缅甸、印度尼西亚。

雌

雌

◢ 带蛾科 Eupterotidae

带蛾亚科 Eupterotinae

灰纹带蛾 *Ganisa cyanugrisea* Mell, 1929（江苏新纪录种）

鉴别特征：体长23～25mm，翅展61～70mm。触角褐色双栉齿状。体、翅铁灰色。前翅顶角较为明显，顶角具三角形焦褐色的斑，顶角内侧至后缘有2条并列的黑色斜横线，横线间的区域为灰色，横线外侧为灰色，内侧呈4～5条深色波状纹。后翅呈4～5条深色斑纹，最外侧一条有2列深色的小点。前、后翅密布灰色鳞粉，有金属光泽。

寄主：板栗以及兰科植物。

分布：江苏（宜兴）、湖南、广西、广东、湖北、浙江、安徽、福建、江西、云南、四川。

雄

雄

雌

雌

大蚕蛾科 Saturniidae

巨大蚕蛾亚科 Attacinae

1.樗蚕蛾 *Samia cynthia* (Drury, 1773)

鉴别特征：体长24～26mm，翅展115～127mm。触角淡黄色双栉齿状。头部四周及颈板前缘、前胸后缘及腹部的背线、侧线和腹部末端为粉白色，其他部位为青褐色。前翅顶角宽圆突出，内有一黑色圆斑，斑上方有弧形白色斑。前翅翅面中央具较大的新月形半透明斑，其内侧和外侧均有白色横纹，且均具棕褐色的边缘。

寄主：臭椿、乌桕、冬青、梧桐、樟、野鸭椿、黄栎、泡桐、臭樟、喜树、虎皮楠、核桃、悬铃木、盐肤木、黄檗、黄连木、香椿。

分布：江苏、河北、河南、山东、山西、吉林、辽宁、陕西、安徽、浙江、福建、江西、四川、甘肃、湖北、湖南、广东、海南、贵州、广西、云南、西藏、台湾；朝鲜、日本。

雄　　　　　　　　　　　　　　雄

雄

大蚕蛾亚科 Saturniinae

2.黄尾大蚕蛾 *Actias heterogyna* Mell, 1914

鉴别特征：体长28mm，翅展88mm。触角黄褐色双栉齿状。体黄色，但肩部和前胸前缘紫褐色，腹部棕黄色，尾端分布有黄色绒毛。前翅黄色，但前缘紫红色，间有白色鳞毛分布，翅面中央近前缘处具一眼斑，其中间紫褐色，内侧黑色，外侧浅褐色，斑的内外侧均具褐色波状横纹。后翅后角向外延伸成尾状突，呈飘带状，长可达30mm，其外缘后部至后角间呈紫红色。

寄主：樟、栎、枫杨、枫香树、杨柳、木槿、苹果、樱桃、乌桕。

分布：江苏、广东、海南、广西、西藏。

雄　　　　　　　　　　　　　　　雄

3.绿尾大蚕蛾 *Actias selene ningpoana* Felder, 1862

鉴别特征：体长30～34mm，翅展108～135mm。触角黄褐色双栉齿状。体白色。头部、胸部及肩部前缘有暗紫色带。前翅粉绿色，翅基部被有白色绒毛，翅前缘暗紫色，并混杂白色鳞毛，外缘黄褐色，翅面中央近前缘处具一眼斑，斑中间有一长条形透明带，其外侧黄褐色，内侧的内方橙黄色、外方黑色，翅脉较透明，灰黄色。后翅也各有一眼斑，形状和颜色与前翅基本相同，略小一些，后角向外延伸成尾状突，长约40mm。

寄主：柳、枫杨、栗、乌桕、木槿、樱桃、苹果、胡桃、樟、檀木、梨、沙果、杏、石榴、喜树、赤杨、鸭脚木。

分布：江苏、吉林、辽宁、河北、河南、浙江、江西、湖北、湖南、福建、广东、海南、四川、广西、云南、西藏、台湾；日本。

雄　　　　　　　　雄

雄

4.银杏大蚕蛾 *Caligula japonica* Moore, 1862

　　鉴别特征：体长38mm，翅展112～120mm。触角黄褐色双栉齿状，雄虫栉齿较长，雌虫栉齿较短。体灰褐色至紫褐色；头部灰褐色；胸部具长黄褐色毛；腹部各节间色稍深，两侧及端部密布紫褐色毛。前翅顶角外突、顶端钝圆，内侧近前缘处有一肾状黑斑，翅面近中央处有前宽后窄的浅紫色区域，其内侧具较直紫褐色横线，外侧具较曲折暗褐色横线，该横线与近外缘的赤褐色波浪纹横线间具棕黄色区域，近后角有白色月牙形纹，纹外侧为暗褐色，近中部有月牙形透明眼斑，斑周围有白色及暗褐色轮廓。后翅偏红色，翅中部具一眼斑，珠眸黑色，外围有一灰橙色圆圈及2条银白色线，内侧白色月牙形较明显。前翅反面颜色偏紫红色，翅中部眼斑明显，中间有珠形眸体，周围有白色及暗褐色轮纹，后翅反面中部眼斑中间没有珠形眸体。

寄主：银杏、栗、柳、樟、胡桃、楸、榛、蒙古栎、李、梨、苹果等。

分布：江苏、山东、湖北、江西、湖南、陕西、广东、四川、贵州、广西、海南、台湾以及华北地区、东北地区；日本。

雄

雄

雌

雌

5.樟蚕蛾 *Eriogyna pyretorum* Westwood, 1847

鉴别特征：雄虫体长30～33mm，雌虫体长28～38mm；雄虫翅展80～92mm，雌虫翅展110～118mm。触角黄褐色双栉齿状，雄虫栉齿较长，雌虫较短。体、翅灰褐色。胸部背面、腹面和末端密被黑褐色绒毛，腹部各节间有白色绒毛状环。前翅三角形，近基部暗褐色，前翅及后翅上各有一眼纹，眼纹外层为蓝黑色，内层外侧有淡蓝色半圆形，最内层有土黄色圈，圈的内侧为棕褐色，中间有月牙形透明斑。前翅顶角外侧有2条紫红色纹，两侧也有2条黑褐色短纹，眼纹内侧具棕黑色横纹，外侧具棕色双锯齿状横纹，近外缘区域颜色较浅。后翅与前翅略同，但颜色稍淡、眼纹较小。

寄主：樟、枫香树、枫杨、番石榴、野蔷薇、沙枣、沙梨、板栗、榆、枇杷、油茶、泡桐。

分布：江苏、内蒙古、河北、山东、河南、安徽、陕西、甘肃、湖北、湖南、浙江、福建、江西、四川、广东、海南、广西、贵州以及东北地区；越南、印度。

雄　　　　　　　　　　雄

雌　　　　　　　　　　雌

天蛾科 Sphingidae

面形天蛾亚科 Acherontiinae

1.芝麻鬼脸天蛾 *Acherontia styx* (Westwood, 1847)

　　鉴别特征：体长42～50mm，翅展92～100mm。触角棕黑色轴棱状，背面具鳞片，腹面具细毛，端部细薄且弯曲呈钩状，钩状内侧白色。头棕黑色，肩部青蓝色。胸部背面有明显骷髅状斑纹，斑纹前半部分棕色，后半部分较暗。腹部中央有一蓝色中背线，各腹节有黑黄相间的横纹。前翅棕黑色，翅基部下方分布有橙黄色毛丛，翅面上分布有不规则微细白点及黄褐色鳞片，翅面近中央具一黄色小斑点，其内侧近翅基部和外侧近翅顶角处有数条隐约可见波状横纹，近外缘有橙黄色横带。后翅黄色，有2条深棕色横带。

　　寄主：芝麻以及茄科、马鞭草科、豆科、木樨科、紫葳科、唇形科植物等。

　　分布：江苏、河北、北京、山西、陕西、河南、山东、甘肃、上海、安徽、浙江、江西、湖南、福建、广西、广东、四川、西藏、云南、海南、香港、台湾；俄罗斯、韩国、日本、朝鲜、印度、泰国、斯里兰卡、缅甸、尼泊尔、孟加拉国、马来西亚、巴基斯坦、伊拉克、沙特阿拉伯。

　　注：又名后黄人面天蛾、裹黄鬼脸天蛾。

雄　　　　　　　雄

雄

雌

雌

2.白薯天蛾 *Agrius convolvuli* (Linnaeus, 1758)

鉴别特征: 体长43～49mm, 翅展90～100mm。触角线状, 外侧黄褐色, 内侧白色。头部、胸部灰褐色。后胸上有黑色倒"8"字形图案。腹部背中央灰色, 且具黑色细线, 每节两侧各具由白色、桃红色和黑色组成的斑纹。前翅灰褐色, 近翅基部、翅中部及翅外缘均具2条深棕色尖锯齿状横线纹。后翅灰褐色, 从臀角处辐射出3条黑条纹, 翅中部有一短条状黑斑。

寄主: 扁豆、赤小豆以及旋花科植物。

分布: 江苏、陕西、吉林、辽宁、内蒙古、北京、天津、河北、河南、山东、山西、甘肃、新疆、上海、安徽、浙江、湖北、湖南、江西、福建、广东、四川、贵州、云南、西藏、海南、香港、台湾；日本、朝鲜、韩国、印度、英国、俄罗斯以及非洲。

　　注：又名虾壳天蛾、甘薯天蛾、红薯天蛾、旋花天蛾、粉腹天蛾。

雄	雄
雌	雌

3.华南鹰翅天蛾 *Ambulyx kuangtungensis* (Mell, 1922)（江苏新纪录种）

　　鉴别特征：体长30～33mm，翅展78～85mm。触角淡褐色线状，端部弯曲呈钩状。头部枯黄色，头顶触角间有褐绿色近方形毛丛，肩部后半部分及后胸背板上分布有褐绿色斑。前翅底色枯黄色，翅基部各有2个黄褐色大斑，翅面中央具一小黑点，其外侧具深褐色双横线，靠外缘的一条横线呈齿状，近外缘区域有棕色梭形宽带。后翅枯黄色，翅面近中部具褐色曲度较大的横线。

　　寄主：核桃以及槭树科植物。

　　分布：江苏（宜兴）、河南、甘肃、新疆、浙江、湖北、江西、四川、贵州、西藏、广东、广西、云南、福建、陕西、海南、台湾；泰国、越南、缅甸。

　　注：又名库昂鹰翅天蛾。

雌 雌

4.鹰翅天蛾 *Ambulyx ochracea* Butler, 1885

鉴别特征：体长45～50mm，翅展105～113mm。触角褐色线状，端部弯曲呈钩状。头部暗褐色。胸背部黄褐色，两侧浓绿褐色。腹部第6节两侧及第8节背面布有褐绿色斑。前翅橙褐色，翅反面橙黄色，顶角弯弓状似鹰翅，翅中部具褐绿色波状横纹，其外侧近外缘具相似褐绿色波状纹，其内侧近前缘和后缘处各具2个褐绿色圆斑，后角内上方具褐绿色及黑色斑，前翅外缘呈灰色宽带。后翅黄色，翅反面橙黄色，翅中部及外缘具棕褐色带，后角上方具绿褐色斑。

寄主：核桃以及槭树科植物。

分布：江苏、河北、辽宁、台湾以及华南地区；日本、印度。

雄 雄

雌 雌

5.榆绿天蛾 *Callambulyx tatarinovii* (Bremer et Grey, 1853)

鉴别特征：体长35mm，翅展79mm。触角淡黄褐色线状，末节较短，雄虫触角略呈锯齿状，侧沟深，具纤毛簇，纤毛长。胸部背面中央具墨绿色近菱形斑。翅面绿色，前翅基部有一弧形曲线，距基部约1/4处的前缘处有一墨绿色条带一直延伸到接近后缘臀角处，距基部约3/5的前缘处有一波浪形深绿色线纹一直延伸至后缘接近臀角处，顶角处具一近三角形深绿色斑。后翅几近全红色，仅前缘与臀角处有淡黄色区域，且臀角处有短的墨绿线纹。

寄主：榆、刺榆、柳。

分布：江苏、陕西、河北、内蒙古、北京、天津、河南、山东、山西、宁夏、甘肃、新疆、上海、浙江、湖北、湖南、江西、福建、四川、西藏以及东北地区；朝鲜、日本、韩国、俄罗斯。

雄

雄

雌

雄

雄   雄

6.南方豆天蛾 *Clanis bilineata* (Walker, 1866)

鉴别特征：雄虫体长33mm，雌虫体长48mm；雄虫翅展92mm，雌虫翅展118mm。触角线状，背面粉红色，腹面黄褐色，末端弯曲呈钩状。前翅暗褐色，有4～5条波浪形横纹，翅前缘近中部有一近三角形浅色斑。后翅大部分区域为黑色，前缘与后缘为淡黄色。

寄主：洋槐、刺槐以及葛属、黎豆属。

分布：江苏、陕西、内蒙古、北京、天津、河北、山西、山东、河南、宁夏、甘肃、青海、新疆、上海、安徽、浙江、江西、湖南、福建、广东、广西、四川、重庆、贵州、云南、海南、香港、台湾以及东北地区；朝鲜、日本、印度、尼泊尔。

注：又名波纹豆天蛾、豆天蛾。

雄   雄

雌   雌

7.洋槐天蛾 *Clanis deucalion* (Walker, 1856)

鉴别特征：体长52～56mm，翅展135～141mm。触角轴棱状，背面赭红色，腹面棕黑色，端部弯曲呈钩状。体黄褐色。胸部背面赭黄色，背线棕黑色。腹部背面赭色，并具褐色背线。前翅赭色，前缘灰色，中央具一浅色半圆形斑，其内、外侧均具棕黑色波浪状横纹，靠翅中近肩部一侧具一三角形赭色斑，其后方布有暗褐色圆点。后翅中部棕黑色，前缘及后缘黄色。

寄主：豆科植物。

分布：江苏、浙江、云南、黑龙江、山东、安徽、四川；印度。

雄　　　　　　　　　　雄

雄　　　　　　　　　　雄

雌　　　　　　　　　　雌

8. 椴六点天蛾 *Marumba dyras* (Walker, 1856)

鉴别特征：体长37～45mm，翅展72～107mm。触角灰褐色锯齿状，具毛簇，雄虫较雌虫齿片宽大，雄虫的内下侧具较长的纤毛，端部尖细，弯曲成钩。体、翅灰黄褐色。胸部、腹部背线深棕色，腹部各节间具棕色环纹，胸部、腹部腹面赤褐色。前翅中央近前缘具一小白点，白点上方沿横脉间有一深褐色月牙纹，其内、外侧均具深棕色横线纹，外缘棕黑色，齿状，后角内侧具明显棕黑色斑。后翅茶褐色，前缘稍黄，后角向内具2个棕黑色斑。前、后翅反面均赤褐色，前翅顶角及后角呈鲜艳茶褐色，后翅后角黄褐色，缘毛白色。

寄主：椴树。

分布：江苏、浙江、陕西、辽宁、北京、河北、河南、甘肃、安徽、江西、湖南、福建、广东、四川、贵州、云南、西藏、海南、香港、台湾；印度、尼泊尔、缅甸、越南、泰国、斯里兰卡、菲律宾、马来西亚。

注：又名六点天蛾、后橙六点天蛾。

雄　　　　　　　　　　　雄

雄　　　　　　　　　　　雄

雌

雌

9.栗六点天蛾 *Marumba sperchius* (Ménétriés, 1857)

鉴别特征：体长38～42mm，翅展90～120mm。触角土黄色锯齿状，具毛簇，雄虫较雌虫齿片宽大，雄虫的内侧具较长的纤毛，端部尖细，弯曲成钩。体、翅土黄色，从头顶至腹末具一暗褐色背线。前翅具多条黑褐色横线，翅外缘锯齿状，齿突尖近直线排列，前翅臀角有一暗黑色斑。后翅靠臀角处外缘锯齿状，臀角处有一白斑，其中内含2个暗褐色圆斑。

寄主：栗、栎、槠、核桃。

分布：江苏、陕西、河北、内蒙古、北京、山东、河南、甘肃、安徽、浙江、湖北、江西、湖南、福建、台湾以及东北地区、华南地区；日本、朝鲜、印度、俄罗斯。

注：又名后褐六点天蛾。

雄

雄

雄　　　　　　　　　　雄

10.盾天蛾 *Phyllosphingia dissimilis* (Bremer, 1861)

　　鉴别特征：体长46～53mm，翅展96～109mm。触角灰褐色线状。前胸背板中线紫黑色、较宽，腹中线黑褐色、较细。前翅前缘内有大的紫色肾形斑，其余部分为黄褐色与黑褐色相间的特殊斑纹。后翅褐色，前缘基部有紫黑色半圆形斑，翅中部有2条波浪形横纹。

　　寄主：核桃、山核桃、柳。

　　分布：江苏、陕西、内蒙古、北京、山东、河北、河南、青海、甘肃、浙江、安徽、湖北、湖南、海南、江西、福建、广东、广西、四川、贵州、台湾以及东北地区；日本、朝鲜、韩国、印度、俄罗斯、菲律宾。

　　注：又名盾斑天蛾、紫光盾天蛾。

雄　　　　　　　　　　雄

雄 雄

雌

11. 丁香天蛾 *Psilogramma increta* (Walker, 1865)

鉴别特征：体长42mm，翅展90mm。触角灰白色线状。前胸肩部两侧具黑色纵线，其后缘具一对黑斑，内侧上方具白斑，白斑下方具黄白色条斑。腹部腹面白色，背面有黑色背中线。前翅中部具3条黑色条纹，顶角处还具一弯曲黑纹，有时翅中部黑色条纹数量增加，或扩展成片状的黑色区域。

寄主：丁香、梧桐、女贞、白蜡、栲等。

分布：江苏、北京、陕西、辽宁、河北、山西、河南、山东、上海、浙江、江西、福建、湖北、湖南、广东、四川、云南、贵州、海南、香港、台湾；日本、朝鲜、韩国、尼泊尔、缅甸、越南、老挝、泰国。

注：又名霜降天蛾、细斜纹天蛾。

雄

12.霜天蛾 *Psilogramma menephron* (Cramer, 1780)

鉴别特征：体长45～55mm，翅展110～127mm。触角灰褐色线状，端部弯曲呈钩状。体、翅灰褐色。胸部背板两侧及后缘具一圈黑色条纹及黑斑，从前胸至腹部近末端背面线黑色。腹部背线两侧具棕色纵带，腹面灰白色。前翅中部具双行棕黑色波浪状横纹，近中部区域下方具2根黑色纵条纹，下面一根较短，翅顶角处具一黑色曲线。后翅棕色，后角具灰白色斑。

寄主：丁香、梧桐、女贞、泡桐、牡荆、梓、楸、水蜡树。

分布：华北地区、华东地区、西南地区、华南地区；日本、朝鲜、印度、斯里兰卡、缅甸、菲律宾、印度尼西亚以及大洋洲。

雄

雄

雌

雌

雌

斜纹天蛾亚科 Choerocampinae

13. 条背天蛾 *Cechenena lineosa* (Walker, 1856)（江苏新纪录种）

　　鉴别特征：体长50mm，翅展95mm。触角线状，背面灰白色，腹面黄褐色。体橙灰色。胸部背面灰褐色。腹部背面具棕黄色条纹，两侧有灰黄色及黑色斑，腹面灰白色，两侧橙黄色。前翅顶角尖突，自顶角至后缘基部具明显橙灰色斜纹，前缘部位具黑斑，翅中部近前缘具黑点，翅基部具黑色、白色毛丛。后翅黑色，并伴有灰黄色横带，翅反面橙黄色，外缘灰褐色，顶角内侧前缘有黑斑。

　　寄主：葡萄以及凤仙花属。

　　分布：江苏（宜兴）、陕西、河北、河南、甘肃、安徽、浙江、湖北、江西、湖南、四川、福建、广东、广西、贵州、云南、西藏、海南、香港、澳门、台湾；日本、越南、泰国、印度、尼泊尔、马来西亚、印度尼西亚。

　　注：又名棕绿背线天蛾。

雄 雄

雌 雌

14.红天蛾 *Deilephila elpenor* (Linnaeus, 1758)

鉴别特征：体长34 ~ 36mm，翅展62 ~ 64mm。触角桃红色线状，端部弯曲呈钩状。体、翅均以桃红色为主。头部、胸部及腹背部具黄绿色纵带，肩部外缘具明显白边。前翅翅面中央近前缘处具一白点，前翅顶角处辐射出3条黄绿色条带，分别延伸至基部、后缘中部、臀角处。后翅大体红色，但近基部半面黑色，前缘淡黄色。

寄主：凤仙花、千屈菜、蓬子菜、柳叶菜、柳、兰、葡萄。

分布：江苏、陕西、内蒙古、北京、山东、山西、河南、河北、甘肃、新疆、上海、安徽、浙江、湖北、江西、湖南、福建、贵州、云南、西藏、四川、台湾以及东北地区；朝鲜、日本、蒙古、韩国、越南、泰国、印度、尼泊尔、不丹、孟加拉国、缅甸以及欧洲、北美洲。

注：又名凤仙花红天蛾、川红天蛾。

雄

雄

雄

15.白肩天蛾 *Rhagastis mongoliana* (Butler, 1876)（江苏新纪录种）

　　鉴别特征：体长30～35mm，翅展55～68mm。触角黄褐色线状，端节尖细，雄虫触角有短纤毛簇。头部及肩板两侧白色，胸部后缘两侧有橙黄色毛丛。体、翅褐色。前翅中部有不甚明显的茶褐色横带，近外缘呈灰褐色，后缘近基部白色。后翅灰褐色，近后角有黄褐色斑；翅反面茶褐色，有灰色散点及横纹。

　　寄主：葡萄、乌蔹莓、凤仙花、伏牛花、小檗、绣球花。

　　分布：江苏（宜兴）、青海、上海、安徽、浙江、湖北、江西、湖南、福建、广东、广西、四川、贵州、海南、台湾以及东北地区、华北地区；日本、朝鲜、俄罗斯、蒙古、韩国。

　　注：又名实点天蛾、广东白肩天蛾。

蚕蛾总科
Bombycoidea

雄　　　　　　　　雄

雄　　　　　　　　雄

雄　　　　　　　　雄

29

16. 斜纹天蛾 *Theretra clotho* (Drury, 1773)

鉴别特征：体长44mm，翅展74mm。触角灰黄色线状。体、翅灰黄色。头部和肩部两侧均有白色鳞毛。胸部背线棕色。腹部第三节两侧各具一块黑色斑。前翅基部具褐色斑点，自顶角到后缘具3条棕褐色斜纹，最下面一条最明显，翅外缘灰黄色，翅面中央近外缘具一小黑点，近翅基处也具一黑点。后翅棕黑色，前缘及后缘均棕黄色。

寄主：木槿、白粉藤、青紫藤及葡萄科植物。

分布：江苏、浙江、云南、陕西、上海、安徽、湖北、江西、湖南、福建、广东、广西、四川、贵州、海南、香港、台湾；日本、越南、老挝、泰国、缅甸、尼泊尔、巴基斯坦、不丹、印度尼西亚、印度、斯里兰卡、菲律宾、马来西亚、澳大利亚。

雄　　　　　　　　　　　雄

17. 雀纹天蛾 *Theretra japonica* (Boisduval, 1869)

鉴别特征：体长34～45mm，翅展65～74mm。触角线状，背面灰色，腹面棕黄色，端部黄褐色弯曲呈钩状。前胸背板中线具白色长绒毛，两侧具橙黄色纵条纹。前翅具6条从翅顶角伸达后缘的暗褐色条纹，其中第一条最宽，翅面中央近外缘具一小黑点。

寄主：葡萄、野葡萄、常春藤、白粉藤、爬山虎、虎耳草、绣球花。

分布：江苏、陕西、河北、内蒙古、北京、山东、河南、甘肃、宁夏、青海、上海、安徽、浙江、湖北、江西、湖南、福建、广东、广西、贵州、云南、海南、台湾以及东北地区；朝鲜、日本、俄罗斯。

注：又名日本斜纹天蛾、黄胸斜纹天蛾。

雄　　　　　　　　　　　　雄

雄　　　　　　　　　　　　雄

18. 芋双线天蛾 *Theretra oldenlandiae* (Fabricius, 1775)

鉴别特征：体长38mm，翅展63mm。触角褐绿色线状，端部弯曲呈钩状。体褐绿色。胸部背线灰褐色，两侧具黄白色纵条纹。腹部具2条紧靠且并列银白色背线，两侧有棕褐色及淡黄褐色纵条纹，体腹面土黄色，具黄褐色条斑。前翅灰褐绿色，顶角至后缘基部附近具一较宽的浅黄褐色斜带，斜带内外有数条黑色、白色条纹，翅面中央近外缘具一黑点。后翅黑褐色，具一灰黄色横带，缘毛白色，翅反面黄褐色，具3条暗褐色横线。

寄主：芋、白薯、黄麻、凤仙花、半夏、由跋以及葡萄属、山核桃属、水龙属、二叶葎属。

分布：江苏、陕西、北京、河北、河南、山东、甘肃、上海、安徽、江西、湖北、湖南、福建、广东、广西、四川、浙江、云南、西藏、海南、香港、台湾；日本、朝鲜、韩国、俄罗斯、缅甸、印度、斯里兰卡、不丹、尼泊尔、巴基斯坦、菲律宾、巴布亚新几内亚以及大洋洲。

注：又名双线条纹天蛾、双斜纹天蛾。

雄

雄

雄

雄

蜂形天蛾亚科 Philampelinae

19.葡萄缺角天蛾 *Acosmeryx naga* (Moore, 1858)（江苏新纪录种）

　　鉴别特征：雄虫体长43mm，雌虫体长55mm；雄虫翅展83mm，雌虫翅展103mm。触角线状，背面褐色，有白色鳞毛。体灰褐色。肩部边缘具白色鳞毛。腹部各节具棕色横带。前翅具多条棕褐色横线，近外缘具伸达后角的横线，翅顶角端部缺、稍内陷，具深棕色三角形斑纹及灰白色月牙形纹，翅中部近前缘具灰褐色盾形斑。后翅大部分区域褐色，前缘黄褐色，臀角处衍射出一条横带。

　　寄主：葡萄、猕猴桃、爬山虎、葛藤。

　　分布：江苏（宜兴）、陕西、河北、辽宁、北京、湖南、山西、甘肃、安徽、浙江、江西、湖北、湖南、福建、广东、四川、贵州、云南、西藏、海南、台湾；日本、朝鲜、韩国、俄罗斯、越南、老挝、泰国、印度、缅甸、尼泊尔、巴基斯坦、马来西亚。

　　注：又名全缘缺角天蛾。

雄　　　　　　　　雄

雌　　　　　　　　雌

20.黑长喙天蛾 *Macroglossum pyrrhosticta* Butler, 1875

鉴别特征：体长27～32mm，翅展35～50mm。触角黑色线状，末节细长，端部弯曲呈钩状；雄性触角上有成丛的纤毛。体、翅黑褐色。头部及胸部具黑色背线。腹部第2、3节两侧具橙黄色斑，第4节有黑色斑，第5节后缘具白色毛丛，腹部腹面灰色至灰褐色，腹部末端有尾刷，中间不分开。前翅近基部具黑色宽带状横线，且近后缘处向基部弯曲，近外缘处具双线波浪状横线，翅顶角处具一黑色纹。后翅中央部位具较宽橙黄色横带，基部与外缘黑褐色，翅反面暗赭色，基部黄色，外缘暗褐色。

寄主：牛皮消。

分布：江苏、四川、广东以及东北地区、华北地区；日本、越南、印度、马来西亚。

雄　　　　　　　　　　　雄

雄　　　　　　　　　　　雌

雌

21.喜马锤天蛾 *Neogurelca himachala* (Butler, 1875)

　　鉴别特征：体长20～24mm，翅展38～46mm。触角暗褐色线状。腹背部两侧各具银灰色鳞束，并呈片状外突。前翅褐色狭长，翅中部有一黑点，外缘锯齿状。后翅臀角到基部的三角区域为黄色，外缘区为褐色，前缘向内深度弯曲，并具2个半圆形外突，静止休息时往往会伸出到前翅前缘外。

　　寄主：薄皮木。

　　分布：江苏、四川、台湾；朝鲜、日本、印度、缅甸。

雄　　　　　　　　　　　　雄

雄　　　　　　　　　　　　雄

雄

雄

雌

雌

雌

木蠹蛾总科 Cossoidea

木蠹蛾科 Cossidae

豹蠹蛾亚科 Zeuzerinae

咖啡木蠹蛾 *Polyphagozerra coffeae* (Nietner, 1861)

鉴别特征：体长 18 ~ 20mm，翅展 30 ~ 35mm。头部白色，雄虫触角基半部双栉状，栉齿细长，黑色；雌虫触角黑色线形。胸部白色，胸部背面有黑斑点；腹部白色，背面及侧面有黑色斑。前翅白色，前缘、外缘及后缘各有一列黑斑点，翅的其余部分布满黑色斑点。后翅白色，散布黑色斑点。

寄主：咖啡、棉、樱、荔枝、蓖麻、茶、番石榴、龙眼等。

分布：江苏（宜兴）、浙江、四川、江西、福建、台湾；印度、斯里兰卡、印度尼西亚。

注：又名咖啡豹蠹蛾。

雌

雌

雄

钩蛾总科 Drepanoidea

钩蛾科 Drepanidae

圆钩蛾亚科 Cyclidiinae

1. 洋麻圆钩蛾 *Cyclidia substigmaria* (Hübner, 1825)

　　鉴别特征：体长18～23mm，翅展46～67mm。触角黑色单栉齿状，具微齿不甚显著，扁细；雄虫触角较粗。头部黑色，胸部灰白色，腹部白色微褐。翅白色，具浅灰褐色斑纹。前翅顶角至后缘中部呈现一条斜线；斜线内侧色深，外侧色浅，端部具2层暗灰色波状纹；外缘较直，后角较钝。后翅中部至近亚端部具2个灰褐色斑纹，亚端部斑纹较长，其外侧具一列灰褐色斑点。

　　寄主：洋麻、八角枫。

　　分布：江苏、浙江、湖南、湖北、四川、云南、广东、广州、海南、安徽、香港、台湾；日本、朝鲜、印度、越南、缅甸。

　　注：又名洋麻钩蛾、圆翅大钩蛾。

雄

雄

雄

雄

雄　　　　　　　　雌

雌　　　　　　　　雌

钩蛾亚科 Drepaninae

2.栎距钩蛾 *Agnidra scabiosa* (Butler, 1877)

鉴别特征：体长10～12mm，翅展30～35mm。触角茶褐色；雄虫触角双栉齿状，端部为鞭状；雌虫触角线状。体色呈暗褐色。前翅中部具一列灰白色椭圆斑点，其内侧具一小白点，外侧具一条灰褐色斜纹，呈波浪；顶角弯曲。后翅中部具灰白色散斑。

寄主：杨、青冈、栗、日本栎、大齿蒙栎。

分布：江苏、江西、浙江、福建、湖北、湖南、陕西、四川、广东、广西、甘肃、山西、台湾以及东北地区；日本、朝鲜。

注：又名青冈树钩蛾、栎翅钩蛾。

雄　　　　　　　　雄

雌　　　　　　　　　　　　雌

雌　　　　　　　　　　　　雌

3.框点丽钩蛾 *Callidrepana hirayamai* Nagano, 1918（江苏新纪录种）

鉴别特征：体长8～10mm，翅展24～32mm。雄虫触角黄色双栉齿状。头部黄色，胸部黄色，腹部淡黄色至黄褐色。前翅黄色，翅顶角处明显呈钩状，顶角附近散布不规则黑色条纹；翅面中央近前缘处具短棒状黑色围绕中央黑点环形排列；翅顶角之前至后缘端部1/3处具宽深褐色斜线，斜线内侧黄白色；近外缘处散布一列黑色斑点。后翅前半部黄白色，后半部黄色；翅面近端部1/3处具深褐色宽横纹，横纹前端1/3不明显；近端缘处具黑斑列。

寄主：蚊母树。

分布：江苏（宜兴）、福建、湖南；日本。

雄

雄

雄

雄

4.中华大窗钩蛾 *Macrauzata maxima chinensis* Inoue, 1960

鉴别特征：体长17～18mm，翅展48～54mm。触角灰白色双栉齿状，长度只有翅的1/3，雄虫比雌虫栉叶略长。头部褐色，下唇须短小，灰褐色。胸部灰白色。胸足白色，跗节末端黑色。腹部第8节腹板两侧有突起的毛丛。前翅及后翅中央有窗形半透明大斑，斑外沿具有灰白与灰褐相间条纹，斑内中上部具一小黑星；亚端部具白色波状横线。后翅窗形斑上方具一条褐色弧形纹。

寄主：樟、栎、青冈。

分布：江苏、云南、福建、浙江、四川、湖北、陕西。

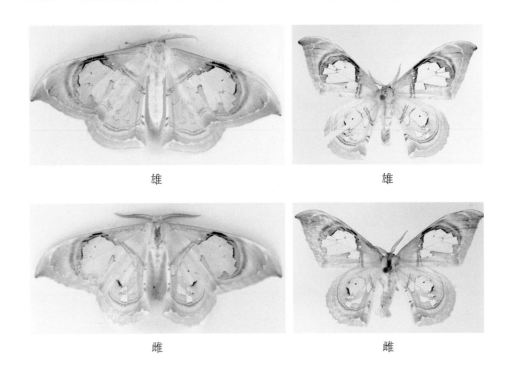

雄　　　　　　　　　雄

雌　　　　　　　　　雌

5. 丁铃钩蛾 *Macrocilix mysticata* (Walker, 1863)（江苏新纪录种）

鉴别特征：体长12～14mm，翅展29～35mm。触角淡黄色双栉齿状，雄虫栉齿明显长于雌虫，雄虫触角自基部起约2/3段为双栉齿状，栉齿段为淡黄色，其余为褐色线状。胸部背面红褐色。腹部背面黄褐色，侧面具灰白色纵带。翅呈黄白色绢状，中部有黄褐色两端粗大的哑铃状横带，横带中间有银白色条纹。前翅中部有"工"字形银白色纹，外缘有暗褐色列斑。后翅具暗灰臀角斑。

寄主：青冈、白背栎、枹栎、蒙古栎、麻栎。

分布：江苏（宜兴）、福建、浙江、广东、云南、四川、台湾；日本、印度。

雄

6.齿线卑钩蛾 *Microblepsis flavilinea* (Leech, 1890)（江苏新纪录种）

鉴别特征：体长6～7mm，翅展19～20mm。雄虫触角黄褐色双栉齿状，雌虫触角黄褐色单栉齿状。头部灰褐色，体赭灰色。前翅赭褐色，基部略淡，呈灰黄色，前缘呈弓形，顶角外伸呈钩状，略偏黄色，自顶角到后缘中部有一条较直的黄色斜线，斜线外侧中上部有一条不甚明显的浅色细线，向下伸至后角内侧，翅中部有一小白点，缘毛浅灰色。后翅颜色与前翅相同，有3条线，中间一条线较直且较黄。

寄主：不详。

分布：江苏（宜兴）、福建。

雄　　　　　　　　　　　　　雄

雄　　　　　　　　　　　　　雄

7.日本线钩蛾 *Nordstromia japonica* (Moore, 1877)

鉴别特征：体长9～12mm，翅展27～28mm。雄虫触角黄褐色双栉齿状；雌虫触角线状，基段为暗褐色，其余部分为褐色。体灰褐色。雌虫腹部中间具一条褐色横带，横带下方连续3腹节各有一褐色小斑。前翅前缘具2个褐色斑；翅面具2条紫褐色斜带，较长一条从前翅顶角直达后翅后缘中部，较短一条从前翅前缘中部直达后翅后缘亚基端；缘毛深褐色。雌性前翅顶角钩状；个别个体呈黄褐色。

寄主：青冈。

分布：江苏、四川、广东、海南；朝鲜、日本。

注：又名双带钩蛾。

雄　　　　　　　　　　　　　　雄

雌　　　　　　　　　　　　　　雌

8.三线钩蛾 *Pseudalbara parvula* (Leech, 1890)

鉴别特征：体长8～9mm，翅展23～25mm。雄虫触角黄褐色单栉齿状，具纤毛；雌虫触角黄褐色线状。体暗灰褐色。前翅具褐色横线3条，近基部一条短且伸向后缘，中部一条自顶角伸达后缘中部，外侧一条近外缘端部；顶角具一眼斑，翅中部近外缘处具2个灰白色小点，上方白点稍大。

寄主：核桃、栎、化香树。

分布：江苏（宜兴）、山东、陕西、北京、河北、河南、四川、福建、浙江、湖北、湖南、江西、广西以及东北地区；朝鲜、日本、韩国以及欧洲。

注：又名眼斑钩蛾、核桃钩蛾。

雄　　　　　　　　　　雄

雌　　　　　　　　　　雌

9.圆带铃钩蛾 *Sewa orbiferata* (Walker, 1862)（江苏新纪录种）

鉴别特征：体长10～12mm，翅展36～40mm。雄虫触角黄褐色栉齿状，雌虫触角褐色线状。头部白色；胸部白色；腹部仅前端白色，后部褐色。前翅翅面乳白色；顶角稍尖，微呈钩状；前缘有6枚褐色斑块；近外缘由3条波状的灰色线纹组成宽带，外侧有浅灰色断续线；端缘具褐色至深褐色棒状断续线。后翅白色，端半部具与前翅近似带纹。雌虫与雄虫斑纹相似，但雄虫斑纹边缘更清晰。

寄主：不详。

分布：江苏（宜兴）、福建、北京、浙江、江西、湖南、四川、重庆；印度、缅甸、马来西亚、印度尼西亚。

雄　　　　　　　　　　　　　　雄

雌　　　　　　　　　　　　　　雌

10.仲黑缘黄钩蛾 *Tridrepana crocea* (Leech, 1889)（江苏新纪录种）

鉴别特征：体长10～13mm，翅展27～43mm。雄虫触角约2/3长为双栉齿状，栉齿段触角主干黄色，栉齿褐色，非栉齿段触角主干为褐色。雌虫触角黄褐色，双栉齿状，栉齿相对雄虫较短。头部黄褐色，体黄褐色。前翅黄色，顶角尖，向外下方弯曲，顶角下方外缘有棕褐色月牙形纹，内侧有深褐色肾形斑，前端与中部有2条波浪形线纹，翅中部有小白点。后翅色稍浅，前端与中部有2条波浪形线纹，翅中部有2个并列白点，端部有一列黑色小点。

寄主：尖叶青冈、麻栎、青冈、小叶青冈、枹栎、栓皮栎。

分布：江苏（宜兴）、浙江、福建、湖南、江西、四川、云南；日本以及朝鲜半岛。

雄　　　　　　　　　　雄

雄　　　　　　　　　　雄

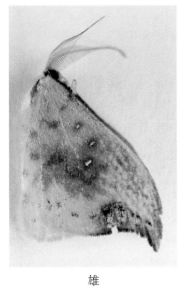 

雄　　　　　　　　　　雄

雌　　　　　　　　　　　　　　　　雌

山钩蛾亚科 Oretinae

11.接骨木山钩蛾 *Oreta loochooana* Swinhoe, 1902（江苏新纪录种）

　　鉴别特征：体长 10 ~ 12mm，翅展 29 ~ 34mm。触角黄褐色单栉齿状，各栉齿略短于触角主干，各节间不分离，只显褐色缝隙，触角上布满黄色绒毛。胸部背面棕褐色，肩灰白色。腹部背面棕红色，末端黄色。前翅顶角弯曲度小；顶角至后缘中部具一黄色斜纹，斜纹外侧黄色带褐色，内侧褐色；翅中部具银白色小点。后翅近外缘黄色，顶角褐色，基部至近翅中部赭红色，散布规则小黑点。

　　寄主：接骨木以及茜草类。

　　分布：江苏（宜兴）、陕西、河南、甘肃、四川、江西、山东、台湾；日本、俄罗斯。

　　注：又名黄斜带钩蛾。

雄　　　　　　　　　　　　　　　　雄

12.黄带山钩蛾 *Oreta pulchripes* (Butler, 1877)

　　鉴别特征：体长 12 ~ 13mm，翅展 30 ~ 32mm。触角黄褐色单栉齿状，栉片略宽于触角主干，各栉片基部宽，端部尖。体赭红色。前翅散布黑色斑点；自顶角至臀角内侧有一条黄色宽斜带，臀角内有一棕黑色斑，斜带内侧至翅基部呈赭棕色三角区域。后翅具4～6列棕黑色小斑点。

寄主：荚蒾、凤凰木以及藤科植物。

分布：江苏、云南、西藏；朝鲜、日本、俄罗斯。

雌　　　　　　　　　　　　　　　雌

雌　　　　　　　　　　　　　　　雌

雌　　　　　　　　　　　　　　　雌

波纹蛾亚科 Thyatirinae

13.浩波纹蛾 *Habrosyna derasa* Linnaeus, 1767（江苏新纪录种）

鉴别特征：体长23mm，翅展45mm。触角黄褐色线状。头部棕褐色；胸部背面前半部棕褐色，后半部灰白色；腹部背面具浅黄褐色毛簇。前翅从前缘近基部向外斜达翅后缘中部具一条白色波浪形斜线，自然停息时虫体背面形成倒"八"字形纹，斜线内侧近基部灰褐色，其内具近垂直斜线的白色短线一条，斜线外侧近基部灰褐色；亚端部具4条赤褐色和黄白色相间波浪形斜线；翅外缘具一列新月形褐斑，斑缘黄白色。后翅灰褐色。

寄主：草莓。

分布：江苏（宜兴）、河北以及东北地区；日本、朝鲜、印度以及欧洲。

雄 　　　　雄

14.网波纹蛾 *Neotogaria saitonis* Matsumura, 1931

鉴别特征：体长18～22mm，翅展40～52mm。触角褐色扁针叶状，雄虫触角较粗壮。雄虫身体暗灰色，雌虫灰白色。前翅窄长，前翅前缘近基部至后缘中部具黑色凹弧形双横线，自然停息时虫体背面形成半圆形纹，双斜线内侧近基部颜色较外侧深；前缘和后缘端部1/3处也具黑色细双横线；前翅亚端部具浅黑色波浪形横线；端线为一列新月形褐斑，斑缘黑色；翅中部具环纹和肾纹。后翅无斑纹。

寄主：不详。

分布：江苏（宜兴）、浙江、陕西、江西、福建、广东、云南、台湾；越南。

注：又名基黑波纹蛾、赛聂波纹蛾。

雄 雄

雄 雌

15.波纹蛾 *Thyatira batis* (Linnaeus, 1758)（江苏新纪录种）

鉴别特征：体长15～18mm，翅展35～42mm。触角褐色线状，雄性较粗，略呈锯齿状。胸部背面棕褐色，肩灰白色。腹部背面灰褐色。前翅暗棕色，具顶角斑、亚顶角斑、臀角斑、基斑及后缘斑5个带白边的桃红色斑，斑上染棕色。后翅无斑点，浅棕色。

寄主：多腺悬钩子、三花莓、欧洲木莓、覆盆子、黑莓、荆棘、草莓等。

分布：江苏（宜兴）、北京、河北、浙江、江西、陕西、湖北、湖南、四川、云南、西藏、内蒙古、甘肃、新疆以及东北地区；蒙古、日本、伊朗、土耳其、阿尔及利亚、缅甸、印度、印度尼西亚以及朝鲜半岛、欧洲。

雄 雄

雄

雄

雌

雌

麦蛾总科 Gelechioidea

尖蛾科 Cosmopterigidae

尖蛾亚科 Cosmopteriginae

杉木球果尖蛾 *Macrobathra flavidus* Qian et Liu, 1997（江苏新纪录种）

鉴别特征：体长5.0 ~ 6.0mm，翅展12.0 ~ 14.0mm。触角柄节褐色、膨大，鞭节线状、黑白色相间，长为前翅的2/3 ~ 3/4。头部灰褐色至深褐色，胸部灰褐色至深褐色，腹部深褐色。前翅灰褐色至深褐色，基部1/5 ~ 1/2具黄色横带，其两侧黄白色；缘毛灰褐色至深褐色。后翅及缘毛灰褐色至深褐色。

寄主：杉木。

分布：江苏（宜兴）、甘肃、湖北、河南、福建、广西、贵州。

注：又名杉木球果织蛾。

雌

雌

草蛾科 Elachistidae

草蛾亚科 Ethmiinae

江苏草蛾 *Ethmia assamensis* (Butler, 1879)

鉴别特征：体长9～10mm，翅展20～24mm。触角灰褐色线状。头部灰白色；胸部灰色，背面有4枚黑斑；腹面橘黄色。前翅灰色，翅面上有15个黑色点、条斑，沿前缘、外缘、后缘上有11枚黑色斑点。后翅淡灰褐色。

寄主：厚壳树、柔毛泡花树、粗糠树。

分布：北京、陕西、台湾以及华东地区、华中地区、西南地区；日本、印度。

雄　　　　　　　雄

雄　　　　　　　雄

雄

麦蛾科 Gelechiidae

棕麦蛾亚科 Dichomeridinae

甘薯麦蛾 *Helcystogramma triannulella* (Herrich-Schäffer, 1854)

鉴别特征：体长6～7mm，翅展14～18mm。触角淡褐色至黑褐色线状。体褐色至黑褐色。胸部褐色至深褐色，腹部黑褐色。前翅褐色至黑褐色，中部具3个斑纹，其中2个斑芯为黄白色，另一个为黑色，有时这些斑点不甚明显；翅外缘具黑色点列。后翅淡褐色。

寄主：甘薯、蕹菜以及圆叶牵牛等旋花科植物。

分布：国内分布广（除新疆、宁夏、青海、西藏等）；日本、朝鲜、印度以及欧洲。

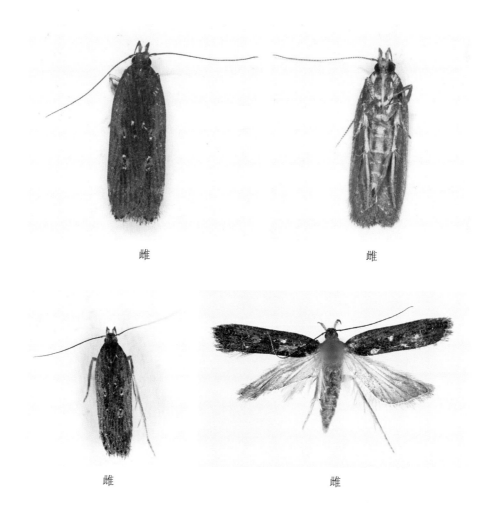

雌　　　　　　　　雌

雌　　　　　　　　雌

雄

雄

织蛾科 Oecophoridae

织蛾亚科 Oecophorinae

油茶织蛾 *Casmara patrona* Meyrick, 1925

　　鉴别特征：体长17～18mm，翅展32～38mm。触角灰白色线状，基部膨大、褐色。体灰白色至灰褐色。头部褐色，胸部褐色，腹部深褐色。前翅灰褐色，基部具一黄色斑；前缘近中部具一黄色条纹，其基侧黑色，外侧红褐色；黄斑后方具近四边形黑斑，基部红褐色，端部下侧角稍向外侧延伸，该斑内镶白色斜纹；近端部具一近圆形黄斑；端缘具一列黑色斑块。后翅灰褐色，前缘黄色。

　　寄主：油茶和茶树。

　　分布：台湾以及华东地区、华中地区、华南地区；日本。

　　注：又名茶蛀茎虫、茶枝蛀蛾、茶枝镰蛾、油茶蛀茎虫。

雄　　　　　　　　　　　　雄

雄　　　　　　　　　　　　雄

雌

雌

尺蛾总科 Geometroidea

尺蛾科 Geometridae

灰尺蛾亚科 Ennominae

1.橘斑矶尺蛾 *Abaciscus costimacula* (Wileman, 1912)（江苏新纪录种）

鉴别特征：体长14 ~ 17mm，翅展30 ~ 35mm。雄虫触角黄褐色至黑褐色，锯齿状，具纤毛；雌虫触角灰褐色丝状。体与翅面暗褐色，前翅前缘距翅基约2/3的地方具一长条形灰白色大斑，近顶角具一枚较小灰白色斑点，前翅后缘及后翅中部具一条灰白掺杂褐色的斑驳横带，展翅时前、后翅线状横带相连。

寄主：不详。

分布：江苏（宜兴）、福建、浙江、湖北、江西、湖南、广东、广西、云南、贵州、四川、海南、台湾；苏门答腊岛、加里曼丹岛、马来西亚半岛。

注：又名双斑矶尺蛾、双斑黑尺蛾、双斑锯线尺蛾。

雄

雄

雄

雄

雄　　　　　　　　　　　　　雄

雄　　　　　　　　　　　　　雄

雄　　　　　　　　　　　　　雄

雌　　　　　　　　　　　　　雌

2.侧带金星尺蛾 *Abraxas latifasciata* Warren, 1894

鉴别特征：体长12～14mm，翅展34～40mm。触角黑褐色线状，雄虫具纤毛。体黄褐色，具黑斑。前、后翅均为乳白色；前翅基部和前、后翅近臀角处具深黄褐色大斑；其余斑纹深灰色；前、后翅中部具带状斑；黄褐色大斑上方具双列点斑，有时融合为带状；近外缘具斑点状缘线。翅反面斑纹同正面，深灰褐色。

寄主：大叶杨、黄杨、卫矛等。

分布：湖南、山东以及华东地区；日本、朝鲜以及俄罗斯东南部。

雄　　　　　　　　雄

雌　　　　　　　　雌

3.福极尺蛾 *Acrodontis fumosa* (Prout, 1930)（江苏新纪录种）

鉴别特征：体长25mm，翅展56mm。雄虫触角黄褐色双栉齿状，雌虫触角黄褐色线状。头部、胸部、腹部黄褐色。体背和翅灰黄色至灰黄褐色。前、后翅外缘呈波曲状，翅面散布不规则黑色斑点，前翅顶角弯刀状，前翅近外缘1/3处深褐色，基部至外缘2/3处黄褐色，基部具一弧状黑色条纹，其外侧具一黑色横纹，横纹外侧具一肾状纹。后翅距外缘 1/2 处深褐色，基部黄褐色，距基部 1/3 处具一黑色横纹。

寄主：野鸦椿。

分布：江苏（宜兴）、江西、湖南；日本。

雄   雄

4.白珠鲁尺蛾 *Amblychia angeronaria* Guenée, 1858

鉴别特征：体长 27 ～ 32mm，翅展 69 ～ 80mm。雄虫触角褐色双栉齿状，雌虫触角黄褐色线状。体灰黄褐色至深灰褐色。前翅具 3 条暗褐色横纹，近基端横纹较细，顶角凸出。后翅中部具一条暗褐色横纹，横纹外侧具一波纹，外缘锯齿状，外缘处有一尖角凸出，尖角下方近平直。

寄主：樟、红楠、白毛新木姜子、日本南五味子。

分布：江苏、福建、湖南、广西、四川、浙江、贵州、云南、西藏、海南、台湾；日本、印度、越南、泰国、马来西亚、印度尼西亚、巴布亚新几内亚以及朝鲜半岛。

注：又名枯尺蛾、白斑褐尺蛾。

雄   雄

雄 雄

雌 雌

雌 雌

5.掌尺蛾 *Amraica superans* (Butler, 1878)

鉴别特征：体长24～28mm，翅展57～78mm。雄虫触角黄褐色单栉齿状，雌虫触角褐色线状。体躯灰白色至深灰褐色。雄虫前翅基部具暗红色斑，斑外缘具黑色条纹，顶角处具一暗红色斑点，斑点内侧具一较短黑色线条，前缘中部下方具暗黑色小圆斑，后翅外缘锯齿状，内缘中部具一短黑纹；雌虫前翅具3条等距波浪暗色条纹，外缘呈波浪形。

寄主：大叶黄杨、杉木、卫矛等。

分布：河北、台湾以及华东地区、华中地区、西南地区、西北地区、东北地区；朝鲜、日本、俄罗斯。

注：又名梳角枝尺蛾。

雄　　　　　　　　　　雄

雄　　　　　　　　　　雄

雄　　　　　　　　　　雄

雌　　　　　　　　　　　　　雌

6.拟柿星尺蛾 *Antipercnia albinigrata* (Warren, 1896)

鉴别特征：体长18 ～ 22mm，翅展49 ～ 55mm。雄虫触角黑色锯齿状，具纤毛；雌虫触角黑色线状。头顶后半部和胸部、腹部背面灰白色，排列黑斑。翅白色至灰白色，前翅前缘浅灰色，密布黑色斑点，中点、外线和亚缘线在前缘及M脉之间的斑点大于其他斑点。翅反面颜色斑点同正面。

寄主：山苍子、大叶钓樟、三桠乌药、山胡椒。

分布：江苏、山东、陕西、甘肃、河南、安徽、浙江、湖北、湖南、福建、贵州、四川、广西、江西、台湾；日本以及朝鲜半岛。

雌　　　　　　　　　　　　　雌

雌　　　　　　　　　　　　　雌

7.大造桥虫 *Ascotis selenaria* (Denis et Schiffermüller, 1775)

　　鉴别特征：体长15～20mm，翅展38～45mm。雄虫触角褐色锯齿状，具纤毛；雌虫触角黄褐色线状。体色变异很大，有黄白色、淡黄色、淡褐色、浅灰褐色，一般为浅灰褐色，翅上的横线和斑纹均为暗褐色。前翅中部具一斑纹，前翅亚基线和外横线锯齿状，其间为灰黄色，外缘中部附近具一斑块。后翅外横线锯齿状，其内侧灰黄色。

　　寄主：枣、槐、刺槐、龙爪槐。

　　分布：江苏、福建、内蒙古、北京、河北、陕西、山西、甘肃、新疆、浙江、湖北、江西、湖南、广东、广西、四川、重庆、贵州、云南、西藏、海南、香港、台湾以及东北地区；日本、印度、斯里兰卡以及朝鲜半岛、欧洲、非洲。

雄　　　　　　　　　　　　　雄

雌　　　　　　　　　　　　　雌

8.小娴尺蛾 *Auaxa sulphurea* (Butler, 1878)

鉴别特征：体长13 ～ 14mm，翅展32 ～ 33mm。触角淡黄色线状。头部、胸部、腹部淡黄色。两翅外缘微波曲，前翅顶角略凸，翅面近基部2/3淡黄色，外缘1/3处红褐色，两色之间具一深褐色条纹，由前翅顶角内侧至后翅后缘中部，翅面中上部具一暗色小圆斑，端部外侧具一弧形褐纹。后翅淡黄色。

寄主：蔷薇。

分布：江苏、内蒙古；日本、韩国。

雄　　　　　　　　　　　　　　雄

雌

雌　　　　　　　　　　　　雌

9.木橑尺蛾 *Biston panterinaria* (Bremer et Grey, 1853)

　　鉴别特征：雄虫体长25mm，翅展57mm；雌虫体长19mm，翅展65mm。雄虫触角褐色锯齿状，雌虫触角褐色线状。头部、胸部黄褐色，腹部白色，散布有不规则灰斑。体黄白色，胸背与腹部末节具黄毛。前、后翅均为白色，在前翅和后翅的外线上各有一串橙色和深褐色圆斑，前翅基部具一大圆橙斑，斑内部嵌有灰色或暗灰色小斑，前翅翅面及后翅近外缘1/2处散布较为密集圆形灰斑。

　　寄主：黄连木、核桃、花椒、桃、李、杏、苹果、梨、山楂、柿、君迁子、山樱桃、酸枣、臭椿、泡桐、楸、槐、槭、柳、桑、榆、楝、柞木、皂荚、漆树、白榆、杨、山榆、阳桃、马棘、荆条、榛、山葡萄、山花椒、石荆、合欢、葛、大叶草藤、大豆、棉、小豆、蓖麻、玉米、谷子、高粱、荞麦、向日葵、苎麻、甘蓝、萝卜、菊芋、扁豆、桔梗、萱草、苍耳、野菊、天竺子、野艾蒿、蓟等。

　　分布：江苏、福建、辽宁、北京、陕西、宁夏、甘肃、安徽、浙江、四川、河南、湖北、河北、山西、山东、内蒙古、湖南、江西、广东、广西、贵州、云南、西藏、台湾；日本、朝鲜、印度、尼泊尔、越南、泰国。

　　注：又名黄连木尺蛾、洋槐尺蛾。

雄　　　　　　　　　　　　雄

雄 雄

雄 雄

雄 雄

雌 雌

雌 雌

雌 雌

10.黑鹰尺蛾 *Biston robustum* Butler, 1879（江苏新纪录种）

鉴别特征：体长25mm，翅展48mm。雄虫触角黄褐色双栉齿状，雌虫触角黄褐色线状。头部白色。胸部背面白色间黑色横条纹。腹部黑色间白色斑点，有时这些斑点连成白色横纹。前翅灰褐色，新鲜标本翅基及顶角处具较大的白色斑；翅面基部近1/3处、翅面中央及近端部1/3具波状黑线，中央及近端部的波状线相互接近；端缘具隐约的波状线。后翅灰褐色，翅面中央具平行的2条稍呈波状的黑线，端缘具隐约的波状黑线。

寄主：刺槐。

分布：江苏（宜兴）、山东、吉林、江西、台湾；日本、俄罗斯、朝鲜、韩国、越南。

注：又名褐纹大尺蛾。

雄

雄

雄

11. 油桐尺蛾 *Biston suppressaria* (Guenée, 1858)

　　鉴别特征：体长17～23mm，翅展44～67mm。雄虫触角黄褐色双栉齿状，雌虫触角灰褐色线状。头部、胸部、腹部灰白色，雄性后胸两侧毛簇红褐色，雌性毛簇黄色。翅面灰白色，密布黑色小斑点，缘毛黄褐色。前翅端部外侧具一黑色横纹，外缘内侧具一波状黑色条纹线，两翅合并连成一线。后翅斑纹与前翅相似。

　　寄主：油桐、梨、油茶、茶、板栗、肉桂、桉、杨梅、漆树、洋槐、刺槐、乌桕、无刺枣、枣、水杉、柑橘、核桃、花椒、合欢、香蕉、花生、山黄麻。

　　分布：江苏、福建、河南、陕西、甘肃、安徽、广东、广西、贵州、湖北、湖南、江西、四川、浙江、重庆、海南、香港；印度、日本、缅甸、尼泊尔。

　　注：又名油桐尺蠖、大尺蛾。

雌

雌

雄

雄

雄

雄

雄

12.焦边尺蛾 *Bizia aexaria* Walker, 1860

鉴别特征：体长17～23mm，翅展44～67mm。雄虫触角黄褐色双栉齿状，雌虫触角褐色线状。头部、胸部、腹部淡黄色。翅面淡黄色，散布稀疏灰点，前缘具3个小黑斑；前翅端部至后翅顶角为具一个深褐色大斑，由上向下渐宽，大斑上具数块黑灰色小斑，其外侧具一列褐点；前翅顶角凸出，外缘浅波曲，后翅外缘锯齿状。

寄主：桑、油桐、油茶、杨、茶、板栗、肉桂、桉、杨梅、漆树、刺槐、乌桕、无刺枣。

分布：中国（除青海、新疆）各地；印度、日本、越南、缅甸以及朝鲜半岛。

雄　　　　　　　　雄

雄　　　　　　　　雄

雌

13.槐尺蠖 *Chiasmia cinerearia* (Bremer et Grey, 1853)

鉴别特征：体长15mm，翅展43mm。触角褐色线状，雄虫具纤毛。头部暗褐色；胸部灰褐色；腹部深褐色。前翅灰褐色，翅面密布小褐点，基部与中部具2条褐色细线，顶角前具一深褐色三角形斑，其后自中部至后缘具一列黑斑，并为细线分割。后翅灰褐色，中部偏基部具一褐色横纹，近外缘1/3处具一褐色波纹，波纹外侧深褐色，后翅外缘锯齿状。

寄主：槐、刺槐、龙爪槐、柏、板栗、苹果、黑荆。

分布：江苏、湖南、北京、宁夏、甘肃、天津、河北、山西、陕西、河南、山东、浙江、安徽、江西、湖北、四川、广西、西藏、台湾以及东北地区；朝鲜、日本。

注：又名灰奇尺蛾、槐尺蛾、国槐尺蛾、槐庶尺蛾。

雌　　　　　　　　　　　　　雌

14.合欢奇尺蛾 *Chiasmia defixaria* (Walker, 1861)

鉴别特征：体长8 ～ 12mm，翅展26 ～ 32mm。触角黄褐色线状，雄虫具纤毛。体灰黄色，散布深褐色小点。雄虫前翅前缘色深，后缘中部至前缘中部具一褐色横纹，且在外缘中部具一短褐色横纹，两横纹相接，成钩状；外缘亚顶角至后缘端部1/3处具一褐色横纹；后翅距基部1/3处具一褐色横纹，距外缘1/3处具一褐色双线横纹，其两侧均具一小黑斑。雌虫前翅基部隐约可见一褐色横纹，近外缘处具一钩状深褐色横纹；后翅近外缘1/3处具一褐色横纹；前翅外缘亚顶角处具一褐色三角形斑，后翅外缘波曲较浅，中部凸出。

寄主：合欢、山槐。

分布：江苏、河南、陕西、甘肃、浙江、贵州、湖南、山东、安徽、湖北、四川、福建、江西、广西、台湾；日本以及朝鲜半岛。

注：又名合欢庶尺蛾、合欢尺蛾。

雄

雄

雌

雌

15.格奇尺蛾 *Chiasmia hebesata* (Walker, 1861)

鉴别特征：体长9～13mm，翅展22～27mm。触角淡褐色至褐色线状，雄虫具纤毛。体灰褐色。前翅外缘亚顶角处具一褐色三角形斑，下方具一深褐色椭圆形大斑，距基部1/4和2/4处分别具一条不明显的褐色波状横纹，其中外侧横纹中上部具一黑点。后翅近外缘黑褐色，基部至近翅中部灰褐色；距基部1/3处具一黑褐色波状横纹，紧邻横纹外侧具11个黑点。前、后翅缘线深灰褐色，在翅脉间向内凸出小齿。

寄主：胡枝子、榆、刺槐、黑荆。

分布：湖南、福建、河南、广西、贵州、甘肃、青海、台湾以及东北地区、华北地区、华东地区；日本、朝鲜、韩国以及俄罗斯东南部。

注：又名赫奇尺蛾、格庶尺蛾。

雄　　　　　　　　　　雄

雄　　　　　　　　　　雄

雄　　　　　　　　　　雄

雄　　　　　　　　　　雄

雌　　　　　　　　　　　　雌

16.文奇尺蛾 *Chiasmia ornataria* (Leech, 1897)（江苏新纪录种）

鉴别特征：体长9～11mm，翅展24～25mm。触角灰褐色线状，雄虫具纤毛。体灰褐色。前翅前缘在近顶角处有一个黑褐斑；前、后翅缘缘线呈不连续黑褐色；缘毛灰黄色与深灰褐色掺杂；后翅外缘波曲较弱，但中部凸角明显。翅反面白色，密布黑褐色碎纹，前缘黄色；前、后翅近外缘具一深色宽带，其上半段黄褐色，下半段渐变为深褐色至黑褐色。

寄主：不详。

分布：江苏（宜兴）、湖南、内蒙古、山东、四川、重庆、香港；泰国、韩国。

注：又名饰奇尺蛾、文庶尺蛾。

雄　　　　　　　　　　　　雄

雌　　　　　　　　　　　　雌

17.雨尺蛾 *Chiasmia pluviata* (Fabricus, 1798)

鉴别特征：体长11mm，翅展22mm。触虫黄褐色线状，雄虫具纤毛。体躯灰黄色，散布褐色纹。前翅前缘密布黑色斑点，前翅外缘亚顶角处具一褐色三角形斑，下方具一深褐色椭圆形大斑，距基部1/2处具一条不明显的褐色波状横纹，横纹内侧中上部具一黑点。后翅距基部1/3处具一褐色波状横纹，紧邻横纹具一小黑点；后翅近外缘1/3处也具一褐色波状横纹，该横纹外侧具一较大黑斑。

寄主：榆、刺槐、黑荆。

分布：江苏、福建、浙江、上海、北京、河北、湖南、山东、山西、江西、广东、广西、云南、西藏以及东北地区；印度、缅甸、越南、日本、俄罗斯以及朝鲜半岛。

注：又名雨庶尺蛾、淡枝尺蛾。

雄

雄

18.瑞霜尺蛾 *Cleora repulsaria* (Walker, 1860)

鉴别特征：体长14mm，翅展30mm。雄虫触角灰褐色双栉齿状，雌虫触角灰褐色线状。体灰褐色或灰白色。前翅灰白色，密布黑色细点；翅面中央近前缘处具一黄褐色大斑；该斑点两侧各具锯齿状黑色横纹，内横纹内侧黄褐色，外横纹外侧暗褐色；近外缘具一灰白色纹；后翅斑纹近似前翅。

寄主：苦楝。

分布：江苏、陕西、上海、辽宁、湖南、江西、福建、广东、广西、四川、贵州、重庆、云南、海南、香港、台湾；日本、缅甸、越南、泰国、菲律宾以及朝鲜半岛。

雄

19. 毛穿孔尺蛾 *Corymica arnearia* (Walker, 1860)

　　鉴别特征：体长10～11mm，翅展24～33mm。触角灰褐色线状。头部白色，胸部、腹部及翅黄色。翅上碎纹较多，前、后翅散布有黑褐色小点。前翅顶角处具一浅褐色梯形斑块，斑内具数块深褐色小斑。前翅后缘端部斑块深褐色。雄虫前翅基部有一卵形透明斑，雌虫无。前、后翅外缘锯齿状，翅外缘红褐色，缘毛灰白色。

　　寄主：樟。

　　分布：江苏、四川、湖南、福建、广东、海南、西藏、台湾；日本、朝鲜、印度。

雄　　　　　　　　　　　　雄

雌　　　　　　　　　　　　雌

20. 细纹穿孔尺蛾 *Corymica spatiosa* Prout, 1925（江苏新纪录种）

　　鉴别特征：体长10～11mm，翅展24～32mm。触角黄色线状。体灰黄色。翅面黄色，斑纹通常缺失，散布褐色斑点。雄虫前翅基部具一个大型的透明的泡窝，近翅基部中央和后翅前缘部位分别具不规则褐色斑，前翅近臀角处具黑褐色的线状竖纹；不规则斑上部具近圆形由微点组成的褐色斑；翅中部通常具小点状斑，不明显。后翅后缘近端部橙黄色。缘毛褐色。

寄主：不详。

分布：江苏（宜兴）、福建、海南、广西、四川、云南、西藏、台湾；印度。

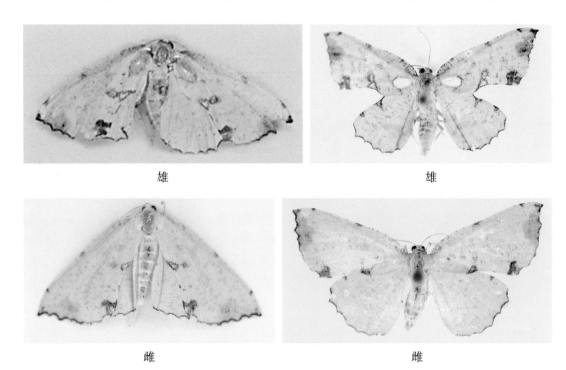

雄	雄
雌	雌

21.三线恨尺蛾 *Cotta incongruaria* (Walker, 1860)（江苏新纪录种）

鉴别特征：体长18～19mm，翅展35～39mm。触角黄褐色线状。体黄褐色。翅面散步密集褐色小点，前翅顶角凸；翅面具3条暗褐色横纹，其中近基部处横纹不清晰；后翅具2条暗褐色横纹，前、后翅外缘呈褐色锯齿状。

寄主：不详。

分布：江苏（宜兴）以及华北地区、华中地区、华南地区、西南地区；日本。

雌

雌　　　　　　　　　　　　　雄

22.小蜻蜓尺蛾 *Cystidia couaggaria* (Guenée, 1857)

鉴别特征：体长13～18mm，翅展46～47mm。触角黑色线状。头部、胸部、腹部黄色，颈部和腹部背面中部具黑褐斑，两侧黄褐色，头部和腹部光滑无长毛，胸部背面披长毛。前、后翅黑褐色，翅面散布若干不规则形白色斑块。

寄主：茶、桐、稠李、李、苹果、梅、杏、梨、樱桃等。

分布：江苏、福建、甘肃、江西、广西、湖南、浙江、湖北、四川、贵州、台湾以及东北地区、华北地区；日本、俄罗斯、印度以及朝鲜半岛。

雌　　　　　　　　　　　　　雌

雌

23.粉红普尺蛾 *Dissoplaga flava* (Moore, 1888)（江苏新纪录种）

鉴别特征：体长20mm，翅展39mm。触角黄褐色线状。头部暗褐色；胸部背面前端与头同色，其余部分褐色，略带粉色；腹部背面褐色，带粉色。前翅顶角尖锐，外缘呈弧形；自顶角发出一条暗褐色斜线，并伸达翅后缘，该线内侧具前端宽并向后收窄淡黄褐色宽带纹，带纹与翅基间粉色；前缘中央偏外侧具暗褐色斑，该斑下方具一小黑斑；斜线外侧也呈粉色，但沿端缘具黄色前宽后窄的带纹。后翅粉色，但前缘淡黄褐色，翅中部附近斜线暗褐色，该斜线内侧的条纹黄褐色。

寄主：不详。

分布：江苏（宜兴）、福建、甘肃、安徽、浙江、湖北、江西、湖南、广东、海南、广西、四川、云南、台湾；印度。

注：又名黄底尺蛾。

雄　　　　　　雄

24.黄蟠尺蛾 *Eilicrinia flava* (Moore, 1888)

鉴别特征：体长15mm，翅展36mm。触角黄褐色线状。体浅黄色。前翅中央色较浅，顶角略凸，顶角下方具一黑褐斑，翅面中央具一暗褐色圆斑。两翅距外缘1/3处具一条褐色横纹。

寄主：不详。

分布：江苏、福建、黑龙江、吉林、陕西、甘肃、新疆、江西、湖北、湖南、浙江、广西、四川、云南、海南、台湾；印度、印度尼西亚。

雌   雌

25.斜卡尺蛾 *Entomopteryx obliquilinea* (Moore, 1888)（江苏新纪录种）

鉴别特征：体长11～12mm，翅展28～30mm。触角黄褐色线状。体淡黄褐色，腹部中间每腹节具2个黑色小斑点。前翅顶角尖突，从顶角至后缘中部具一暗褐色平行双横纹，自然停息时虫体背面形成"八"字形，横纹外侧具一列小黑圆斑；翅面具一黑色室斑。后翅从后缘中部至近前缘中部具一暗褐色平行双横纹，外侧具一列小黑圆斑。

寄主：不详。

分布：江苏（宜兴）、福建、甘肃、浙江、湖北、江西、湖南、广东、广西、四川、云南、西藏、台湾；印度、不丹、尼泊尔、缅甸。

雄   雄

雄 雄

雌

26.猛拟长翅尺蛾 *Epobeidia tigrata leopardaria* (Oberthür, 1881)（江苏新纪录种）

鉴别特征：体长18～25mm，翅展50～56mm。触角黑褐色线状。体黄色，颈部、胸部及每一腹节均具黑斑。前翅底色黄色，基部具较多小黑点，距基部1/4处具3个黑斑，其外侧中室具一黑斑，距外缘1/4处具7个椭圆形黑斑，外缘散布密集小黑斑。后翅基部至后缘中部翅底白色，除距基部1/4处不具3个黑斑外，斑点模式与前翅相似。

寄主：不详。

分布：江苏（宜兴）、辽宁、陕西、甘肃、浙江、湖北、江西、湖南、广东、广西、福建、四川、重庆、贵州、西藏；日本以及朝鲜半岛。

注：又名大斑豹纹尺蛾。

雄 雄

雄 雄

雄

27.金鲨尺蛾 *Euchristophia cumulata sinobia* (Wehrli, 1939)（江苏新纪录种）

鉴别特征：体长 10 ～ 11mm，翅展 21 ～ 25mm。雄虫触角褐色双栉齿状，雌虫触角黄褐色线状。头部、胸部、腹部黄白色。翅面黄白色。前翅除前缘、翅面中部和顶角区域外均密布黑色短横纹，前翅中部具一近长方形黑斑。后翅中部具一较小黑斑，较前翅小，其内侧密布黑色短横纹。

寄主：不详。

分布：江苏（宜兴）、陕西、浙江、甘肃、福建、广西、四川、台湾。

注：又名碎黑黄尺蛾、中国金沙尺蛾。

雄

雄

雌

雌

28.金丰翅尺蛾 *Euryobeidia largeteaui* (Oberthür, 1884)（江苏新纪录种）

　　鉴别特征：体长19mm，翅展40mm。触角褐色线状。体橙黄色，颈部、胸部及每一腹节均具黑斑。前翅底色黄色。翅面橙黄色，斑纹由灰色的大斑点组成，在翅基部与端部分布较密且碎小，基部斑点有些融合，中部斑点较基部与端部明显大而圆，斑点间有融合，融合程度因个体而异。后翅基部2/3为白色，端部1/3为橙黄色；翅基部与端部密布碎小斑点，基部斑点融合较前翅明显，形成较大的斑块，有时后缘斑点连成一片；中部密布大而圆的深灰色斑点，且斑点间有融合。

　　寄主：不详。

　　分布：江苏（宜兴）、福建、甘肃、浙江、湖北、湖南、广东、广西、四川、重庆、贵州、西藏、台湾。

雄

29.赭尾尺蛾 *Exurapteryx aristidaria* (Oberthür, 1911)（江苏新纪录种）

鉴别特征：体长13mm，翅展28mm。雄虫触角黄褐色锯齿状，具纤毛簇；雌虫黄褐色线状。体黄色。前、后翅基半部黄色，前、后翅外缘均具一赭色宽带，翅面散布小赭点，前翅顶角和外缘中部凸出，后翅外缘中部凸出一尖角。

寄主：不详。

分布：江苏（宜兴）、福建、陕西、甘肃、安徽、浙江、湖北、云南、湖南、江西、四川、广西、贵州；缅甸。

雄   雄

雄

雄

雌

30. 紫片尺蛾 *Fascellina chromataria* Walker, 1860

　　鉴别特征：体长13～16mm，翅展29～38mm。触角黄褐色至褐色线状，雄性具短纤毛。体褐色至黑褐色。前翅顶角凸出，外缘直，臀角下垂，后缘端部凹；后翅顶角凹；翅面散布黑褐色碎纹，后翅较前翅明显；前翅前缘中部和近顶角处具灰白色小斑；翅中部近前缘处具一黄斑；近基部1/3处具一黑色横纹，亚外缘处具一条黑色波纹，在前翅展开后，该波纹与后翅中部的黑色波纹连成线。

　　寄主：红楠、白毛新木姜子、白花八角、日本八角、日本南五味子。

　　分布：江苏、福建、吉林、河南、陕西、甘肃、安徽、湖南、浙江、湖北、江西、广东、广西、四川、云南、西藏、海南、台湾；日本、印度、不丹、缅甸、越南、斯里兰卡、印度尼西亚以及朝鲜半岛。

　　注：又名缺口褐尺蛾。

雄　　　　　　　　　　　　雄

雄　　　　　　　　　　　　雄

雄　　　　　　　　　　　　雄

雌　　　　　　　　　　　　雌

雌 雌

雌 雌

31.灰绿片尺蛾 *Fascellina plagiata* (Walker, 1866)（江苏新纪录种）

鉴别特征：体长 11 ~ 14mm，翅展 25 ~ 32mm。触角黄褐色至褐色线状，雄虫具短纤毛。头部、胸部、腹部绿色至黄褐色。前翅前缘浅灰褐色，其下方具一条不完整的褐线；近外缘处具一黑色小点，其下方至后缘具一段深灰褐色横线；翅端部为一深褐色大斑，近前缘处散布一列小黑点，外线弧形，由斑内穿过，较近外缘。后翅中线直，外线弧形，其外侧在后缘处具一黑灰色斑。

寄主：不详。

分布：江苏（宜兴）、福建、河南、甘肃、青海、安徽、浙江、江西、湖北、湖南、四川、广东、广西、贵州、云南、西藏、海南、香港、台湾；日本、印度、缅甸、尼泊尔、马来西亚。

注：又名缺口青尺蛾。

雄 雄

雄   雄

雄   雄

雌   雌

32.玲隐尺蛾 *Heterolocha aristonaria* (Walker, 1860)

鉴别特征：体长9～10mm，翅展24～26mm。雄虫触角黄褐色双栉齿状，雌虫触角黄褐色线状。体灰黄色。翅短宽，前翅顶角圆；翅面灰黄色至黄色，散布深灰色散点，斑纹紫灰色；前翅近翅基处具一模糊横纹，仅在前缘处清楚；前翅中部具一圆圈状斑点；斑点外侧具一向内倾斜的模糊横纹，并与顶角内侧紫褐色小斑相连；缘毛与翅面同色。后翅中部具一短条状斑点，其外侧具一平直横纹，缘毛与翅面同色。

寄主：亮绿忍冬、金银花。

分布：江苏、福建、湖南、湖北、河南、辽宁、上海、山东、吉林、山西、江西、浙江、安徽、四川、广西；日本、印度、越南、韩国、斯里兰卡、朝鲜。

雄

雄

雌

雌

雌

雌

33.双封尺蛾 *Hydatocapnia gemina* Yazaki, 1990

鉴别特征：体长9mm，翅展20～23mm。触角褐色线状，雄虫具纤毛。头部黑色。胸部暗红色，腹部淡黄色，前、后翅面黄褐色，散布不规则小黑点，近外缘处均为黑褐色；前翅前缘为褐色，自前缘中部至翅面中央具一长方形黑斑。

寄主：不详。

分布：江苏（宜兴）、浙江、福建、安徽、湖南、江西、广西、台湾；日本、尼泊尔。

注：又名封尺蛾、褐框尺蛾、双封褐框尺蛾。

雄　　　　　　　　　　　雄

雌　　　　　　　　　　　雌

34.紫云尺蛾 *Hypephyra terrosa* Butler, 1889（江苏新纪录种）

鉴别特征：体长12～13mm，翅展46～50mm。触角褐色线状，雄虫具纤毛。体灰褐色。前翅顶角略凸出；前、后翅外缘微波曲。翅面灰褐色，斑纹黑褐色；前翅近基部具锯齿形双线横纹，内侧较模糊；翅面中部近前缘具一短条形斑纹，其附近具一波曲状模糊横纹；斑纹外侧具较粗的锯齿形横纹；内外横纹间区域颜色较浅；外横纹外侧颜色较深，并具黑色斑块；外缘具连续横线；缘毛深灰色掺杂黄褐色。后翅中部斑点微小；近外缘横线锯齿形；其余斑纹与前翅的斑纹相似。

寄主：不详。

分布：江苏（宜兴）、福建、陕西、甘肃、上海、安徽、浙江、湖北、江西、湖南、广东、广西、四川、贵州、云南、西藏；日本、印度、马来西亚、印度尼西亚。

雄　　　　　　　　　　　　　　　　雄

雌　　　　　　　　　　　　　　　　雌

35. 红双线免尺蛾 *Hyperythra obliqua* (Warren, 1894)

鉴别特征：体长20mm，翅展41～43mm。雄虫触角红褐色双栉齿状，雌虫触角红褐色线状。前翅红褐色，自前缘顶端至后缘中部具一较宽黄褐色横纹，外缘微波状。后翅红褐色，外缘锯齿形，近外缘处呈黄褐色，自前缘中部至后缘中部也具一较宽黄褐色横纹。

寄主：栎类植物。

分布：江苏、北京、山西、甘肃、河北、山东、浙江、江西、福建、湖南、广东、广西、四川、贵州。

雌　　　　　　　　　　　　　　　　雌

雌   雌

36.紫褐蚀尺蛾 *Hypochrosis insularis* (Bastelberger, 1909)（江苏新纪录种）

鉴别特征：体长9～10mm，翅展24～28mm。触角褐色双栉齿状。头部、胸部及前翅紫褐色，后翅颜色浅于前翅，仅后缘区域颜色较深。前翅翅面中部具黄褐色横纹，其内侧具淡黄色伴线，由前缘向下1/3处向外倾斜，余下2/3略向内折，竖直向下至翅后缘；前翅近外缘具黄褐色横纹，并具黄色伴线，在近翅顶角处呈肘状曲折，斜直向下止于后缘；前翅顶角处具一灰黄褐色斑。后翅仅在近后缘出现模糊的黄褐色细纹，且具黄色伴线。

寄主：不详。

分布：江苏（宜兴）、甘肃、福建、广东、广西、云南、台湾。

雄   雄

雄   雄

雄　　　　　　　　　　　雄

37.黎明尘尺蛾 *Hypomecis eosaria* (Walker, 1863)

鉴别特征：体长11 ~ 19mm，翅展45 ~ 51mm。雄虫触角紫灰色双栉齿状，雌虫触角紫灰色线状。体紫灰色。前、后翅面均为紫灰色。前翅翅面中央及中央与翅基部中间各具一黑褐色细弱横纹，翅面中部近前缘处具一模糊斑点，该斑点外侧具一锯齿状黑褐色斑纹，其在近顶角处向外明显凸出，之后向内倾斜；近外缘具一黑褐色点状横线，其内侧具锯齿形灰白色横线；翅缘毛灰褐色掺杂黑褐色。后翅翅面中央具一黑褐色细弱横纹；翅面中部近前缘处具一黑褐色短条状斑点；该斑点外侧具较平直的横纹。

寄主：不详。

分布：江苏、陕西、安徽、浙江、湖北、江西、湖南、福建、广东、海南、香港、广西、四川、重庆。

雄　　　　　　　　　　　雄

雌　　　　　　　　　　　雌

雌   雌

38.尘尺蛾 *Hypomecis punctinalis* (Scopoli, 1763) (江苏新纪录种)

鉴别特征：体长 8 ~ 10mm，翅展 46 ~ 52mm。雄虫触角黄褐色双栉状，末端 1/5 处无栉齿，雌虫触角褐色线状。成虫额褐色，体浅灰褐色。前、后翅面散布深褐色鳞片，斑纹深褐色；前翅翅面中部近前缘处具一椭圆形斑，中空；该斑外侧具波形横纹，从前缘中部向下 1/3 处转折略向内转折内斜至后缘中部；前翅近外缘具齿状横纹，从前缘外侧 1/3 处外斜，余下 2/3 折角内斜至后缘中部；前翅外缘向内特别倾斜，线纹细弱，模糊不清。后翅翅面中部近前缘处也具一椭圆形斑，近该斑外侧横纹较为平直；近翅外缘具齿状横纹；前、后翅缘线均为一列黑点，缘毛灰褐色。翅反面浅灰色，散布许多碎纹。

寄主：桉属、柳属、悬钩子属和李属。

分布：江苏（宜兴）、内蒙古、北京、山东、河南、甘肃、宁夏、浙江、湖南、安徽、湖北、四川、云南、陕西、福建、广东、广西、贵州、西藏、台湾以及东北地区、华南地区；日本以及朝鲜半岛、欧洲。

雄   雄

雌　　　　　　　　　　　　　　雌

39.暮尘尺蛾 *Hypomecis roboraria* (Denis et Schiffermüller, 1775)

鉴别特征：体长17～18mm，翅展36～38mm。雄虫触角灰褐色双栉齿状，端部线状；雌虫触角灰褐色线状。体翅灰白色至灰褐色，散布褐色至黑褐色斑点。前翅近外缘具灰白色波状横纹；该横纹内侧具黑褐色锯齿形纹，其在翅近后缘常与翅面中央斑纹相接，形成一黑褐斑。后翅近基部横纹较宽直，近外缘横纹呈锯齿状弯曲。

寄主：冷杉、桦、落叶松、云杉、松、柳、栎等。

分布：江苏、山东、黑龙江、吉林、北京、河北、浙江、湖北、江西、广西、台湾以及西南地区；日本以及欧洲。

雄　　　　　　　　　　　　　　雄

雄　　　　　　　　　　　　　　雌

雄　　　　　　　　　　　雄

雄　　　　　　　　　　　雄

雄　　　　　　　　　　　雄

40.钩翅尺蛾 *Hyposidra aquilaria* (Walker, [1863])（江苏新纪录种）

　　鉴别特征：体长18～20mm，翅展43～56mm。雄虫触角深褐色双栉齿状；雌虫触角紫褐色线状。体深褐色至深紫褐色。前翅顶角凸出呈钩状，雌虫凸出较雄性强烈。后翅扇形，外缘浅弧形。前、后翅距基部1/3处和2/3处隐约可见暗色细波状。

　　寄主：油茶、茶、黑荆、荆条、柳、樟。

　　分布：江苏（宜兴）、福建、陕西、浙江、湖北、江西、湖南、广东、广西、云南、贵州、四川、重庆、甘肃、西藏、海南、台湾；印度、马来西亚、印度尼西亚。

雄　　　　　　　　　　　雄

雄　　　　　　　　　　　雄

雌　　　　　　　　　　　雌

雌　　　　　　　　　　　雌

雌　　　　　　　　　雌

41.小用克尺蛾 *Jankowskia fuscaria* (Leech, 1891)（江苏新纪录种）

鉴别特征：体长17～19mm，翅展36～52mm。雄虫触角灰褐色双栉齿状，雌虫触角灰褐色线状。体灰褐色。翅面灰褐色；前翅翅面中部具一模糊黑横纹，其内外两侧各具一波曲状黑横纹，外横纹外侧至外缘黄褐色；翅面中部近前缘处具一短条形斑点。后翅基部浅灰色，翅面中部具平直状黑色横纹，其外侧具下半段向内弯曲的黑色窄横纹，其余斑纹与前翅相似。

寄主：桉、茶、油桐等。

分布：江苏（宜兴）、陕西、河南、甘肃、安徽、浙江、湖北、江西、湖南、福建、广东、海南、广西、四川、重庆、贵州、云南；日本、泰国以及朝鲜半岛。

雄　　　　　　　　　雄

雄　　　　　　　　　雄

雄 雄

雄 雄

雌 雌

雌 雌

雌 雌

42.三角璃尺蛾 *Krananda latimarginaria* Leech, 1891

鉴别特征：体长17～20mm，翅展32～37mm。触角黄褐色线状，雄虫具纤毛。体灰黄色。前翅呈近三角状，顶角有白斑，自前缘顶端1/4处至后缘1/3处具一条与外缘平行的淡黄褐色细斜线，斜线外侧与外缘内侧色深呈暗褐色，形成一条横带斑，臀角内有一黑色斑；前翅近基部的具一黑色斜纹，自然停息时虫体背面形成"八"字形。后翅外缘近顶角处呈锯齿状，近臀角处齿状幅度减小；自前缘顶端1/3处至后缘1/3处具一条与外缘平行的淡黄褐色细斜线，与前翅类似，斜线外侧与外缘内侧色深呈暗褐色，斜线内侧至基部色浅。

寄主：樟、枣。

分布：江苏、安徽、湖南、浙江、江西、四川、福建、广东、广西、台湾；朝鲜、日本。

注：又名三角尺蛾、樟三角尺蛾。

雄 雄

雄   雄

雌   雌

雌   雌

43. 橄榄斜灰尺蛾 *Loxotephria olivacea* Warren, 1905（江苏新纪录种）

鉴别特征：体长 8 ~ 11mm，翅展 22 ~ 29mm。触角黄褐色线状。体黄褐色，颈部黄色。前翅前缘沿散布黑点，自前缘中部至后缘近基部 1/3 处具红色折角波纹，向外凸出成尖锐角，波纹内缘白色；波纹外侧等距处也具有相似结构的折角波纹，折角更加尖锐，尖锐角接近或紧邻外缘，波纹外缘白色；近外缘顶角至后缘臀角处具一条斜纹，斜纹内缘白色。后翅外缘呈暗褐色，形似条纹，外缘内侧具2条暗褐色横纹，靠近基部横纹较短，未与前缘接触。

寄主：不详。

分布：江苏（宜兴）、湖南、浙江、海南、广东；缅甸。

雄　　　　　　　　　　　　雄

雄　　　　　　　　　　　　雄

雄　　　　　　　　　　　　雄

雄　　　　　　　　　　　　雄

雌　　　　　　　　　　　　雌

雌　　　　　　　　　　　　雌

44.上海庶尺蛾 *Macaria shanghaisaria* Walker, 1861（江苏新纪录种）

　　鉴别特征：体长13mm，翅展26mm。雄虫触角黄褐色短双栉齿状，雌虫触角黄褐色线状。体黄褐色，翅面和腹部散布黑色小点或斑纹，颈部黑色。前翅前缘撒布大小不一的黑斑，顶角略呈弯刀状，顶角下方部分外缘沿呈黑色。后翅外缘中部外凸呈一尖角。

寄主：柳、杨等。

分布：江苏（宜兴）、上海、山东、北京、陕西、湖南、浙江、台湾以及东北地区；日本、朝鲜、俄罗斯、哈萨克斯坦、印度、缅甸。

注：又名上海玛尺蛾、上海枝尺蛾。

雄   雄

45. 凸翅小盅尺蛾 *Microcalicha melanosticta* (Hampson, 1895)（江苏新纪录种）

鉴别特征：体长9～13mm，翅展25～32mm。雄虫触角黄褐色双栉齿状，雌虫触角灰黄色线状。体灰黄色。翅面散布褐色小点；前翅狭长，前缘等距分布2～4个黑斑，后角处具一大褐斑；外缘中部略凸出。后翅外缘波曲，后翅中部具一条宽阔褐色条带，其外侧具一黑褐色中点。

寄主：不详。

分布：江苏（宜兴）、湖南、陕西、甘肃、浙江、湖北、四川、广东、广西、山东、河南、福建、云南、海南、台湾；印度、缅甸。

雄   雄

雌　　　　　　　　　　雌

46.泼墨尺蛾 *Ninodes splendens* (Butler, 1878)

　　鉴别特征：体长7mm，翅展15～16mm。触角褐色线状，雄虫具纤毛。头部、胸部及腹部多半部黑色或黑褐色，腹部末端淡黄色。翅灰黄色，前翅中部以下至后缘成黑色，外缘近顶角处具2个并列的小黑点。后翅基半部黑色。

　　寄主：朴树、杨、柳、梨、桃、栎、杏。

　　分布：江苏、湖南、北京、内蒙古、山东、上海、广东、浙江、四川、河北、福建、湖北、江西、广西、陕西、甘肃、云南；日本以及朝鲜半岛。

　　注：又名泼墨黄尺蛾、朴妮尺蛾、缘点姬黄尺蛾。

雄　　　　　　　　　　雄

雌　　　　　　　　　　雌

雄　　　　　　　　　　　　雄

雌　　　　　　　　　　　　雌

47.叉线霞尺蛾 *Nothomiza perichora* Wehrli, 1940

　　鉴别特征：体长12mm，翅展28～31mm。触角黄褐色线状。体黄褐色。头顶和胸部前端白色。前翅较窄，顶角几乎呈直角；自前缘顶角至后缘中部具一条褐色斜纹，自然停息时虫体背面形成"八"字形；翅面散布黑灰色小点，翅中央具一小黑斑。后翅中央具一条横纹，横纹内侧较外侧色深。两翅外缘光滑，前缘隆起，后角明显。

　　寄主：不详。

　　分布：江苏、湖南、福建、浙江、江西。

雌　　　　　　　　　　　　雌

48.贡尺蛾 *Odontopera bilinearia* (Swinhoe, 1889)（江苏新纪录种）

鉴别特征：体长22mm，翅展51mm。雄虫触角黄褐色双栉齿状，雌虫触角黄褐色线状。体躯土黄色，胸部多毛。前翅密布不规则褐色斑点，自前缘近顶角处至后缘近后角处具一条褐色斜纹，斜纹内侧暗黑色，外侧白色，斜纹内侧近前缘处具一小黑点；外缘锯齿形，共三齿，越往后越大。后翅色较浅，碎纹稀少；中点同前翅但色较浅。

寄主：茶。

分布：江苏（宜兴）、湖北、甘肃、福建、广西、云南、四川、贵州、湖北、湖南、浙江、江西、西藏、台湾。

注：又名茶呵尺蛾。

雌

雌

49.核桃四星尺蛾 *Ophthalmitis albosignaria* (Bremer et Grey, 1853)

鉴别特征：体长20 ~ 24mm，翅展52 ~ 64mm。触角黄褐色双栉齿状，雄虫栉齿较长，雌虫较短。体灰绿色至灰黄绿色。翅具黑斑。前翅外缘浅弧形，较倾斜；后翅外缘浅波曲形。翅面灰白色，翅面斑纹灰褐色，模糊，仅翅中部斑点清楚；前、后翅近外缘处具灰色宽带。

寄主：核桃、杨、楝、柿、核桃、黄连木。

分布：江苏、福建、内蒙古、陕西、甘肃、浙江、安徽、四川、山西、河南、河北、北京、云南、湖南、湖北、广西、四川、江西以及东北地区；日本、俄罗斯、朝鲜。

注：又名核桃目尺蛾、核桃星尺蛾、白四眼尺蛾、白斑眼尺蛾。

雄

雄

雄正

雄反

雄正

雄反

雄正

雄反

雄正　　　　　　　　　　　　　雄反

雌

50.四星尺蛾 *Ophthalmitis irrorataria* Bremer et Grey, 1853

鉴别特征：体长18mm，翅展45mm。触角褐色双栉状，雄虫栉齿较长，雌虫较短。头部、胸部、腹部和翅灰绿色至灰黄绿色，体背排列成对黑斑。前、后翅外缘等距分布黑斑，翅面自前缘至后缘等距分布4条黑色波曲。后翅隐约具3条黑色波曲，翅中央具一黑褐色斑点。

寄主：桑、李、梨、枣、鼠李、柑橘、苹果、海棠、蓖麻。

分布：江苏、北京、陕西、宁夏、山东、江西、湖南、福建、广西、云南、四川、浙江、台湾以及东北地区、华北地区；日本、俄罗斯、印度以及朝鲜半岛。

注：又名苹果四星尺蠖、蓖麻四星尺蛾、四目尺蛾、小四目枝尺蛾。

雄　　　　　　　　　　　　　　雄

雄正　　　　　　　　　　　　雄反

51.中华四星尺蛾 *Ophthalmitis sinensium* (Oberthür, 1913)

鉴别特征：体长23～25mm，翅展56～64mm。触角黄褐色双栉齿状，雄虫栉齿较长，雌虫较短。体淡绿色。前、后翅翅面均微呈青色，且各具一星状斑；前翅星斑椭圆形，后翅星斑近圆形；后翅具一不显著污点带；翅反面具模糊黑色带，污点较少。

寄主：苹果、柑橘、鼠李等。

分布：江苏、陕西、河南、甘肃、安徽、浙江、湖北、湖南、广东、广西、四川、云南、西藏、台湾；越南、泰国、印度。

雄　　　　　　　　　　　　雄

雄　　　　　　　　　　　　雄

雄　　　　　　　　　　　　　雄

雄　　　　　　　　　　　　　雄

52.拟据纹四星尺蛾 *Ophthalmitis siniherbida* (Wehrli, 1943)（江苏新纪录种）

　　鉴别特征：体长25mm，翅展54mm。触角灰褐色双栉齿状，雄虫栉齿较长，雌虫较短。前翅外缘微波曲；翅面中部具锯齿形模糊横纹；翅面中部近前缘具一星状斑点，中空、边缘黑褐色；斑点外侧具一向外倾斜的深锯齿形横纹；前翅翅面中部偏外缘及后翅大部分密布黑褐色小点；外缘内侧横纹在各翅脉间呈短条形斑。后翅中部具深褐色宽带且具一比前翅小的星状斑；斑外侧具一深锯齿状横纹。

雄

　　寄主：不详。

　　分布：江苏（宜兴）、浙江、湖南、福建、广东、广西。

53.聚线琼尺蛾 *Orthocabera sericea* Butler, 1879（江苏新纪录种）

鉴别特征：体长13mm，翅展34mm。雄虫触角黄褐色双栉齿状，雌虫触角黄褐色线状。体白色。翅面白色，前、后翅外缘沿具褐色条纹，前翅自近前缘处至后缘具内、中、外3条褐色斜带，近基部内斜带隐约向后缘处分成2条带；中斜带靠近后翅分散成2条带，直至延伸至后翅合成一条带；外斜带则向后缘处分散成3条，其中在外层呈波纹状，分别直至延伸至后翅。

雌

寄主：红山紫茎、日本紫茎、山茶、耐冬山茶。

分布：江苏（宜兴）、江西、贵州、台湾以及华南地区；日本、印度、菲律宾以及中南半岛。

注：又名赛琼尺蛾、山茶斜带尺蛾。

雌

雄

54.清波琼尺蛾 *Orthocabera tinagmaria* (Guenée, 1857)

鉴别特征：体长10～12mm，翅展27～30mm。雄虫触角褐色双栉齿状，雌虫触角褐色线状。体背和翅白色，翅面散布浅灰褐色斑点。前翅略狭长，前缘色深呈暗褐色，近顶角处具紧邻的2个深褐色小点；前、后翅面中央各具一个圆形深褐色小斑；前翅隐约具4条灰黄色波线，后翅3条。缘毛银灰色。

寄主：山茶、耐冬山茶。

分布：台湾以及华北地区、华东地区、华南地区、西南地区；日本。

注：又名清波皎尺蛾、亭琼尺蛾。

雄　　　　　　　　　　　　　　雄

雄　　　　　　　　　　　　　　雄

雌　　　　　　　　　　　　　　雌

雌　　　　　　　　　　　　雌

雌　　　　　　　　　　　　雌

55. 义尾尺蛾 *Ourapteryx yerburii* (Butler, 1886)

鉴别特征：体长 20 ~ 21mm，翅展 51 ~ 54mm。触角黄褐色线状。翅白色，略带黄色调；翅面灰色细纹稀疏；翅面中部具一灰黄色细长斑延伸至前缘；该斑内外侧各具一灰黄色斜线；外缘具黑色缘线，缘毛灰黄色。后翅翅脉中部具一灰黄色斜线，近臀角处具一突起，突起上方内侧具阴影带，其内具一较大红点，突起下方也具一黑点，缘毛黄褐色。

寄主：不详。

分布：江苏、河南、陕西、甘肃、安徽、浙江、湖北、湖南、江西、福建、广东、广西、四川、重庆、云南、西藏、台湾；印度、尼泊尔、越南、巴基斯坦。

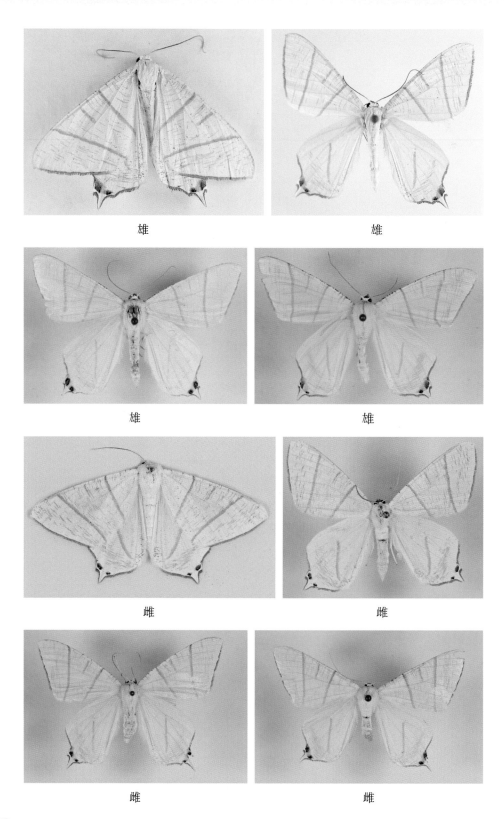

雄　　　　　　　　　　　　雄

雄　　　　　　　　　　　　雄

雌　　　　　　　　　　　　雌

雌　　　　　　　　　　　　雌

56.云庶尺蛾 *Oxymacaria temeraria* (Swinhoe, 1891)（江苏新纪录种）

鉴别特征：体长10mm，翅展22～25mm。雄虫触角褐色，具纤毛，距基部1/3段为短锯齿状，其余段为线状；雌虫触角褐色线状。体灰白色，腹节具一对黑褐点，翅面密布灰褐色斑纹。前翅顶角稍凸，顶角下较直；外缘中部稍凸为一尖角；自后缘中部至翅面中央具一条波曲状褐色条纹；近外缘具一条黑褐色宽带，其外侧亚外缘线白色；亚外缘线与外缘间呈灰褐色带。后翅自顶角至后角具一条波曲状褐色细纹，该纹外侧白色；后翅外缘中部外凸呈尖角状。缘毛暗褐色，其基部白色。

寄主：不详。

分布：江苏（宜兴）、江西、湖南、海南、广西、云南、台湾；日本、印度。

雄　　　　　　　　　　　　　雄

57.柿星尺蛾 *Parapercnia giraffata* (Guenée, 1858)

鉴别特征：体长25～27mm，翅展65～68mm。雄虫触角黑褐色锯齿状，具纤毛；雌虫触角黑褐色线状。体黄色，颈部和腹部黄色，每一腹节背面两侧均具2黑色圆形小斑点，腹部末节一个黑色斑点；胸部白色。前、后翅面白色，密布许多大小不一黑褐色斑点，外缘斑点密集，形成宽黑边。

寄主：柿、君迁子、苹果、桑、榆、海棠、核桃、黄连木以及梨属、杨属、柳属、槐属。

分布：江苏、福建、北京、山西、陕西、甘肃、山东、安徽、河北、浙江、河南、重庆、湖南、湖北、江西、广西、四川、贵州、云南、台湾；越南、印度尼西亚、印度、日本、缅甸、俄罗斯以及朝鲜半岛。

注：又名大斑尺蛾、柿叶尺蛾、柿豹尺蛾。

雄　　　　　　　　　　　　　　　　　雄

雄　　　　　　　　　　　　　　　　　雄

雄　　　　　　　　　　　　　　　　　雄

58. 散斑点尺蛾 *Percnia luridaria* (Leech, 1897)

　　鉴别特征：体长17～20mm，翅展40～54mm。雄虫触角黑褐色锯齿状，具纤毛；雌虫触角黄褐色线状。头颈部及胸部、腹部背面黄色，每一胸、腹节背面两侧均具2黑色圆形小斑点，形似熊猫脸，胸、腹节侧面也具黑斑。翅白色具大黑斑。前翅较窄，顶角较尖，前缘具粗黑条段，基部略带灰黄色，内、中、外线及外缘的黑斑已连成片，仅在中间留下少量空隙。后翅黑斑较小，外缘具2列小黑斑，翅中部具2列较大黑斑，近基部具2个小黑斑。

　　寄主：山胡椒。

　　分布：江苏、江西、湖南、四川、广西、贵州。

雄　　　　　　　　　　　雄

雄　　　　　　　　　　　雄

雄　　　　　　　　　　　雄

雌　　　　　　　　　　　雌

59.双联尺蛾 *Polymixinia appositaria* (Leech, 1891)（江苏新纪录种）

鉴别特征：体长11～15mm，翅展25～36mm。雄虫触角黄褐色双栉齿状，雌虫触角黄褐色线状。体灰白色。翅面黄白色，斑纹褐色，较细弱；前翅翅面中部具褐色横纹，其附近具一条状斑；斑纹内侧具一波曲状纹，外侧具一从前缘至后缘先外凸后内斜的曲状纹；近外缘处具不规则的褐色斑块；缘线褐色，连续；缘毛黄褐色掺杂褐色。后翅中部具一平直横纹，其外侧横纹微波曲状，下半段向内弯曲其余斑纹与前翅的相似。

寄主：柳属。

分布：江苏（宜兴）、福建、浙江、湖北、四川；日本以及朝鲜半岛。

雄	雄
雌	雌
雌	雌

60.后缘长翅尺蛾 *Postobeidia postmarginata* (Wehrli, 1933) (江苏新纪录种)

鉴别特征：体长19mm，翅展46mm。触角褐色线状。体黄褐色。前翅翅面黄色，基部与端部具较多黑色小斑，部分斑连在一起，翅中部斑点较大，黑褐色，大小较均匀。后翅前缘与外缘约1/3翅面黄色，其余部分白色，翅基部与前缘具黑色小斑，翅中部具黑色大斑，部分连在一起。

寄主：不详。

分布：江苏（宜兴）、江西、湖南、湖北、河南、四川、广东、贵州。

雌

61.紫白尖尺蛾 *Pseudomiza obliquaria* (Leech, 1897) (江苏新纪录种)

鉴别特征：体长16～18mm，翅展42～45mm。触角褐色线状，雄虫具纤毛。体灰紫褐色，翅面布满黑色碎纹。前翅顶角凸出，外缘弧形；自顶角至后缘近缘中部具一条黑色斜纹，斜纹内侧紫红色，外侧白色；顶角内侧具一三角形灰白斑；近基部具一红褐色折角波纹，向外凸出成尖锐角。后翅自前缘中部至后缘中部具一条黑色斜纹，与前翅相似，斜纹内侧紫红色，外侧白色。

寄主：不详。

分布：江苏（宜兴）、陕西、安徽、甘肃、浙江、湖北、江西、湖南、福建、海南、广西、四川、云南、西藏、台湾；不丹、尼泊尔。

雄　　　　　　　　　雄

雌　　　　　　　　　　　雌

62.拉克尺蛾 *Racotis boarmiaria* (Guenée, 1858)（江苏新纪录种）

鉴别特征：体长17～20mm，翅展42～46mm。触角灰色线状，雄虫触角基部2/3处具纤毛。翅面暗绿色，密布深灰色短条纹。前翅翅面中部及近翅基部各具一模糊波状纹；翅面中部近前缘具一近方形斑点；斑点外侧具一细锯齿状纹，该纹外侧至外缘间具深绿褐色带，其间具黑色斑块。后翅中部具一近平直横纹，翅面中部斑点较前翅小，其余斑纹与前翅的相似。

寄主：肉桂等。

分布：江苏（宜兴）、福建、浙江、江西、湖南、广东、广西、四川、海南、台湾；日本、印度、不丹、越南、斯里兰卡、印度尼西亚、巴布亚新几内亚。

雄　　　　　　　　　　　雄

雌　　　　　　　　　　　雌

63.中国佐尺蛾 *Rikiosatoa vandervoordeni* (Prout, 1923)

鉴别特征：体长16～17mm，翅展34～38mm。雄虫触角双栉形，栉齿极细长，末端近1/5处无栉齿；雌虫触角线形。头部及体背灰紫色。翅灰褐色，略带灰紫色和黄褐色。前翅翅面中央具一黑褐色斑点；斑点内外两侧各具深灰褐色至黑褐色细弱横线；外横线外侧颜色略深；前翅外缘具小黑点状缘线；缘毛与翅面同色。翅反面色略浅，翅中部斑同正面，外横线清晰，在翅上形成一列深色点。

寄主：不详。

分布：江苏、湖南、浙江、江西、广东。

雌　　　　　　　　　　　　　　雌

雌　　　　　　　　　　　　　　雌

64.织锦尺蛾 *Stegania cararia* (Hübner, 1790)

鉴别特征：体长6～7mm，翅展16～20mm。触角褐色线状，雄虫具纤毛；体翅黄色，有光泽，散布黄褐色鳞片。前翅前缘色深，分布有黑褐色碎斑和条纹；外缘具锯齿状黑线，近外缘处深褐色纹，并与外缘形成3～4个环状斑纹。后翅翅面中部具直线纹，无斑点；缘毛黄色，掺杂少量灰褐色。翅反面色略浅，斑纹同正面，但较模糊。

寄主：杨树。

分布：江苏、甘肃、陕西、四川、北京、河南；欧洲。

注：又名环缘奄尺蛾。

雌　　　　　　　　　　雌

65.狭浮尺蛾 *Synegia angusta* Prout，1924（江苏新纪录种）

鉴别特征：体长8～10mm，翅展25～27mm。雄虫触角黄褐色双栉齿状，雌虫触角黄褐色线状。体淡黄色，翅散布褐色斑点。前翅前缘基半部褐色，顶角处具一褐色三角形斑，外缘上部和下部分别具一三角形和平行四边形褐色斑；后翅具一褐色椭圆形大斑，自前缘亚顶角至后角端部1/3处具一褐色横纹；前、后翅面中上部均具一圆形小黑斑。

寄主：不详。

分布：江苏（宜兴）、江西、湖南、四川；日本。

雌　　　　　　　　　　雌

雌　　　　　　　　　　雌

雌

66.黄蝶尺蛾 *Thinopteryx crocoptera* (Kollar, [1844])

鉴别特征：体长20mm，翅展50mm。触角黄色线状，雄虫具纤毛簇。体橙黄色，翅面密布棕色树枝形纹及碎点，前翅前缘具灰白色带，2条褐色条纹等距分布于前翅；后翅外缘有一燕尾状突起，突起两侧各具一个黑斑点；燕尾状突起内侧具一条"《"深褐色双线细斜纹，斜纹内侧色深，外侧色浅；后翅中央具一月牙形细纹。

寄主：葡萄、山葡萄。

分布：江苏、四川、广东、海南、台湾；印度、日本、朝鲜。

雌   雌

67.双色波缘尺蛾 *Wilemania nitobei* (Nitobe, 1907)（江苏新纪录种）

鉴别特征：体长14mm，翅展32mm。雄虫触角黄褐色双栉齿状。头部、胸部黄褐色，毛簇较长。腹部黄褐色，腹部毛簇较短，背方具有数列黑骨化突。前翅较窄，翅面深灰棕色，前缘黄褐色，翅面横向中段淡褐色，此色块于近前缘向亚顶区延伸，色块内具一圆形黑斑。后翅近基部2/3段淡褐色，端1/3段灰棕色，翅面中央具一黑色。

寄主：阔叶树（大多数）。

分布：江苏（宜兴）、台湾；日本以及西伯利亚。

雄　　　　　　　　　　　　　雄

68. 黑玉臂尺蛾 *Xandrames dholaria* Moore, 1868

鉴别特征：体长 24 ～ 27mm，翅展 53 ～ 60mm。触角棕色双栉齿状，雌虫栉齿较短或不发达。体棕黑色。前翅基部灰黄色，布满黑斑，翅中部具一条形白色大斑，从前缘直达后角，形如玉臂。后翅外缘有一玉色斑。

寄主：三桠乌药、膜叶山胡椒。

分布：江苏、河南、甘肃、浙江、湖北、湖南、福建、云南、四川、贵州、广东、广西、陕西、西藏、台湾；日本、印度、尼泊尔、越南以及朝鲜半岛。

注：又名玉臂黑尺蛾。

雄

雄　　　　　　　　　　　　　雌

69.折玉臂尺蛾 *Xandrames latiferaria* (Walker, 1860)

鉴别特征：体长24～27mm，翅展42～60mm。触角褐色双栉齿状，雄虫栉齿较长，雌虫较短。体棕黑色，额毛簇发达。翅底灰黄色或灰褐色，密布黑褐色碎纹。前翅基半部碎纹细长且排列整齐；自前缘中部至后角具一较窄大白斑或黄白斑，白斑内缘沿臀角内侧外凸成一鲜明折角。后翅具明显浅色亚缘线，其中部接近外缘；顶角附近色较浅。

寄主：三桠乌药、香叶树。

分布：江苏、江西、湖南、湖北、广东、四川、云南、福建、贵州、台湾；日本、尼泊尔。

注：又名白带黑尺蛾、台湾玉臂黑尺蛾。

雄　　　　　　　　　　　　　雄

雄　　　　　　　　　　　　　雌

雌　　　　　　　　　　　　　雌

70. 中国虎尺蛾 *Xanthabraxas hemionata* (Guenée, 1857)（江苏新纪录种）

鉴别特征：体长 20～23mm，翅展 50～58mm。触角黑色线状。体躯黄色，肩片基部和各腹节背面具深褐色斑点。前翅前缘散布不规则深褐色碎斑，基部具 2 个深褐色大斑，深褐色带状内线和外线相向弯曲，外线外侧至外缘处具深褐色放射状纵条纹，缘毛深灰褐色。后翅斑纹同前翅，但无内线；体躯纹络如同虎纹。

寄主：油桐、板栗。

分布：江苏（宜兴）、贵州、福建、浙江、湖北、湖南、河南、江西、四川、广东、广西。

雄

雄

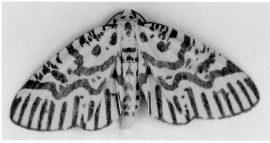

雌

雌

雌

71.鹰三角尺蛾 *Zanclopera falcata* Warren, 1894（江苏新纪录种）

鉴别特征：体长12～14mm，翅展20～27mm。触角灰褐色线状。体躯褐色或黄褐色，前翅呈近三角状，顶角稍突出，外缘近平直，翅面散布小黑斑，外线呈深褐色细带，其内侧具有平行排列的黑色小斑。后翅外顶角弧形内凹，其后平直达后角，中线呈深褐色，其内侧常具平行排列的黑色小斑。

寄主：樟。

分布：江苏（宜兴）、浙江、香港、台湾。

雄

雄

雄

雄

尺蛾亚科 Geometrinae

72.萝藦艳青尺蛾 *Agathia carissima* Butler, 1878

鉴别特征：体长12～13mm，翅展27～34mm。触角黄褐色线状。体黄褐色具翠绿色斑纹，翅翠绿色。前翅基部褐色，前缘灰白色，翅中部横线灰褐色，外缘约1/4处呈紫褐色，顶角处具翠绿色斑。后翅外缘具紫褐色宽带，散有小绿斑。

寄主：萝藦、隔山消。

分布：江苏、内蒙古、山西、河南、河北、北京、甘肃、陕西、四川、云南、浙江、湖北、湖南、广东以及东北地区；日本、印度、俄罗斯以及朝鲜半岛。

雌　　　　　　　　　　　雌

雌　　　　　　　　　　　雌

雌

73.中国四眼绿尺蛾 *Chlorodontopera mandarinata* (Leech, 1889)（江苏新纪录种）

鉴别特征：体长16～18mm，翅展40～50mm。触角黄褐色线状。头顶暗绿色。胸部背面灰绿色，腹部背面灰黄色，有小黑斑。前、后均翅暗绿色，外缘均呈锯齿形；前、后翅各有一大黑色斑点，斑点周围有黄白边。翅反面土灰色，无斑纹，隐见外线。

寄主：不详。

分布：江苏（宜兴）、浙江、江西、湖南、广西、四川、重庆。

雄　　　　　　　　　　　　　雄

雌　　　　　　　　　　　　　雌

雌　　　　　　　　　　　　　雌

74. 长纹绿尺蛾 *Comibaena argentataria* (Leech, 1897)（江苏新纪录种）

鉴别特征：体长10～14mm，翅展25～30mm。触角黄褐色双栉齿状，雌虫触角末端为线状。头顶白色。胸部背面绿色，腹部背面绿色，间有黄色。前翅深绿色，前缘淡褐色，翅基部1/3处具一白色波形线，线外侧具一深褐色斑；翅端1/3处也具一白色波形线，与其后位于翅后缘的大型褐色斑纹相连；近外缘处具一起自顶角之下、伸达前述大型褐色斑纹的白色宽条带，内嵌黑色小斑点。后翅绿色，前缘及外缘褐色至深褐色，翅中央近前缘具一深褐色斑。

寄主：蓬蘽。

分布：江苏（宜兴）、浙江、湖北、江西、湖南、福建、广东、广西、四川、安徽、重庆、台湾；日本以及朝鲜半岛。

雄　　　　　　　　雄

雌　　　　　　　　雌

75. 紫斑绿尺蛾 *Comibaena nigromacularia* (Leech, 1897)（江苏新纪录种）

鉴别特征：体长7～9mm，翅展24～36mm。雄虫触角黄褐色双栉齿状，尖端线形。体绿白相间。前翅翅面中央近前缘处具紫红色点，其内侧具明显白色横线，前缘绿白相间，外缘具多个黑点。后翅绿色，具白细纹，近基部具一黑色小斑；顶角具紫红色斑，并延伸至外缘中部附近，沿外缘中部至臀角具浅黄色斑块。

　　寄主：不详。

　　分布：江苏（宜兴）、云南、黑龙江、北京、河南、陕西、甘肃、安徽、浙江、湖北、江西、湖南、福建、广西、四川、台湾；俄罗斯、日本以及朝鲜半岛。

雄　　　　　　　　　　　　　　　雄

雄　　　　　　　　　　　　　　　雄

雄

76.亚肾纹绿尺蛾 *Comibaena subprocumbaria* (Oberthür, 1916)

鉴别特征：体长9～10mm，翅展25～27mm。雄虫触角黄褐色双栉齿状，雌虫触角黄褐色线状。头部绿色，胸部背面绿色，腹部背面前半部绿色，后半部仅中部有绿色，两侧均白色。前翅绿色，前缘黄绿色；翅面具不显著的白色波状线，中央附近具深褐色斑点；外缘具稍宽的白色断纹，后角有白色镶红褐色边的近方形大斑。后翅绿色，中央附近具一小褐斑，顶角具一梭形的白斑，外镶红褐色边；外缘具红褐色线纹。

寄主：野梧桐、胡枝子、短梗胡枝子、杨梅。

分布：江苏、辽宁、北京、河北、甘肃、河南、浙江、湖北、江西、海南、广西、湖南、福建、四川、云南、西藏。

雄　　　　　　　　　　雄

雌　　　　　　　　　　雌

77.亚四目绿尺蛾 *Comostola subtiliaria* (Bremer, 1864)（江苏新纪录种）

鉴别特征：体长7～8mm，翅展17～19mm。触角黄褐色，雄虫双栉齿状，末端1/4处无栉齿，雌虫锯齿状。前、后翅翅面均蓝绿色。前翅近基部具2个小黄点，黄点内侧具红色鳞片；翅面中部近前缘具一最内层银灰色，中间褐色，外层白色略带浅黄色的斑点；斑点外侧具一由翅脉上小黄点组成的横斑纹，黄点外侧具红色鳞片，近后缘处的点较大。后翅外缘中部略外凸，翅面中部近前缘处的斑点比前翅大。前、后翅缘线内侧粉褐色，外侧褐色，缘毛绿白色。翅反面无斑纹。

寄主：菊。

分布：江苏（宜兴）、福建、河南、陕西、甘肃、青海、上海、浙江、江西、广东、广西、四川、云南；俄罗斯、日本、印度、印度尼西亚。

雄

雄

雌

雌

雌

78.宽带峰尺蛾 *Dindica polyphaenaria* (Guenée, 1858)（江苏新纪录种）

鉴别特征：体长17～19mm，翅展38～42mm。雄虫触角褐色双栉齿状，雌虫触角褐色线状。头部灰黄色，胸部背面棕黑色，胸部腹面及足灰黄色，腹部棕灰色。前翅棕色间灰黄色，近外缘处具赭色点。后翅黄色，外缘具一棕色带。

寄主：锡兰肉桂、黑木姜子以及樟科。

分布：江苏（宜兴）、浙江、湖北、江西、湖南、福建、海南、广东、广西、四川、云南、贵州、香港、台湾；印度、不丹、尼泊尔、泰国、马来西亚、印度尼西亚以及越南北部。

雄 雄

雌 雌

79.弯彩青尺蛾 *Eucyclodes infracta* (Wileman, 1911)（江苏新纪录种）

鉴别特征：体长12mm，翅展31mm。雄虫触角褐色锯齿状，雌虫触角褐色线状。腹部背面红褐色杂棕褐色，背中线有白斑。前翅翅面暗绿色，前缘黄褐色杂黑褐色斑，翅面中部具深色斑点，其内侧具波状横线，外侧具横线弯曲，白色，近后角处具白色杂红褐色斑，外缘近中央处有一白斑。后翅近外缘具白色弯曲状横线。前、后翅外缘横线棕褐色，在翅脉上有间断，缘毛褐色。

寄主：枪木。

分布：江苏（宜兴）、浙江、福建、广西、四川、云南、香港、海南；日本。

雌

80.续尖尾尺蛾 *Gelasma grandificaria* Graeser, 1890

鉴别特征：体长 12～14mm，翅展 30～33mm。雄虫触角黄褐色双栉齿状，雌虫触角黄褐色线状。翅面颜色新鲜时为暗绿色。前翅前缘黄色，散布黑褐色点；前翅内线几乎与后缘垂直；前翅中点点状。后翅外线锯齿较深；前、后翅缘线黑褐色，在翅脉端几乎不间断。

寄主：女贞、胡桃。

分布：江苏、江西、山东、河南、甘肃、上海、浙江、湖北、湖南、四川、台湾；俄罗斯、日本以及朝鲜半岛。

注：又名青灰认尺蛾。

雄　　　　雄

雌　　　　　　　　　　　　　雌

81.金边无缰青尺蛾 *Hemistola simplex* Warren, 1899（江苏新纪录种）

鉴别特征：体长13mm，翅展32mm。雄虫触角灰白色双栉齿状。额褐色；头顶前半部白色，后半部蓝灰色；胸部背面蓝灰色。前、后翅翅面均为蓝灰色。前翅顶角尖，外缘略凸出；前缘黄褐色杂红褐色；近翅基部具一白色波状纹，并在后缘处形成一小褐点；近外缘具一白色浅波曲状纹，在后缘也形成一小褐点；缘毛内侧具一黄褐色杂红褐色的缘线；缘毛白色。后翅外缘近中部具一尖齿；缘线、缘毛同前翅。翅反面浅绿白色，无斑纹。

寄主：不详。

分布：江苏（宜兴）、北京、河南、甘肃、浙江、湖南、福建、四川、台湾。

雄

82.奇锈腰尺蛾 *Hemithea krakenaria* Holloway, 1996（江苏新纪录种）

鉴别特征：体长10～11mm，翅展20～24mm。雄虫触角纤毛状，雌虫触角线状；额棕褐色，不凸出；头顶灰绿色，前缘白色；胸部背面灰绿色；腹部背面灰绿色。前翅顶角钝，后翅顶角圆，两翅外缘光滑，后翅外缘在近中部有尾突；前翅前缘黄褐色散布黑斑；近翅基部具一模糊横线，仅在下半段可见；近外缘具一由小白点组成或连成白色细线，中部略外凸；外缘内侧具黑褐色缘线，并在翅脉端形成黄白色小点；缘毛黑灰色。后翅缘线、缘毛同前翅。翅反面较正面色浅，后翅顶角具一黑褐色小斑块。

　　寄主：板栗等。

　　分布：江苏（宜兴）、河南、浙江、福建、广西、四川、云南；马来西亚。

雌　　　　　　　　　　　　雌

83.巨始青尺蛾 *Herochroma mansfieldi* (Prout, 1939)（江苏新纪录种）

　　鉴别特征：体长21mm，翅展49mm。触角灰绿色线状。额黑褐色；头顶和胸部、腹部背面黄绿色。前、后翅底色灰白色，几乎全被绿色覆盖。前翅近基部散布黑褐色和红褐色鳞片；翅中部近前缘处具黑褐色杂暗绿色细长斑纹，其内侧具不清晰横纹，外侧具黑色锯齿形横纹，该横纹外侧具一不完整且很模糊的黑褐色杂红褐色带；近外缘具灰白色波状线，有间断；外缘内侧具一列黑点，缘毛灰绿色。后翅斑纹同前翅。翅反面白色。

　　寄主：不详。

　　分布：江苏（宜兴）、湖北、云南。

雌　　　　　　　　　　　　雌

84. 青辐射尺蛾 *Iotaphora admirabilis* (Oberthür, 1884)（江苏新纪录种）

鉴别特征：体长 18 ～ 19mm，翅展 47 ～ 50mm。雄虫触角灰褐色双栉齿状，末端线状；雌虫触角黄褐色锯齿状，具纤毛。头部黄白色；胸部背面黄色；腹面黄色，镶白色纹。前翅翅面淡绿色，前缘基部有一黑点，基部具内侧橙黄色、外侧白色的半圆形斑；翅面中央近前缘处具一黑色短棒状斑；近外缘具内侧白色、外侧橙黄色的波状宽带，其与翅端之间白色，沿翅脉镶辐射状黑色条纹。后翅淡绿色，近前缘处色更淡，翅面中央具略呈钩状的黑色斑，翅近外缘具与前翅相似的内侧白色、外侧橙色的波状纹以及辐射状黑色条纹。

寄主：胡桃、胡桃楸以及杨属、花楸属、桦木属、榛属。

分布：江苏（宜兴）、北京、山西、河南、陕西、甘肃、浙江、湖北、江西、湖南、福建、广西、四川、云南以及东北地区；俄罗斯、越南。

雄　　　　　　　　　　　雄

雄　　　　　　　　　　　雄

雌　　　　　　　　　　　雌

85.齿突尾尺蛾 *Jodis dentifascia* Warren, 1897（江苏新纪录种）

　　鉴别特征：体长13mm，翅展28mm。雄虫触角长于1/2 双栉齿状，末端线状；雌虫触角线状。额不凸出，黄绿色；头顶前半部白色，后半部黄绿色；胸部、腹部背面灰黄绿色。前翅顶角较尖，后翅顶角圆；两翅外缘光滑，后翅外缘中部尾突短钝，折角状。前、后翅均暗灰绿色，前翅近基部具深波状、圆滑、白色横纹；近外缘具一白色锯齿形横纹，其内侧深波状；翅外缘无缘线，缘毛灰绿色。翅反面灰白色，隐见正面斑纹。

　　寄主：毛叶石楠。

　　分布：江苏（宜兴）、浙江；日本以及朝鲜半岛。

雄　　　　　　　　　雄

86.豆纹尺蛾 *Metallolophia arenaria* (Leech, 1889)（江苏新纪录种）

　　鉴别特征：体长21mm，翅展48mm。雄虫触角黄褐色双栉齿状，雌虫触角黄褐色线状。颜部略突起，前胸有黑色横带，雌虫腹部灰褐色，有4个大脊突，雄虫腹部前1/3灰褐色，有2个脊突，后部棕色，较光滑，有一棕黑色脊突。前、后翅底色灰白，雄虫具青色散纹，翅面中央近前缘处具一豆形斑纹，外黑内灰，其内侧和外侧均具青黑色横线，雌虫具紫蓝色散纹，翅面中央近前缘处具一豆形斑纹，外黑内灰，其内侧和外侧均具紫蓝色横线，两横线间均密布散条纹。后翅的豆纹无边，不甚显著。前翅顶角附近有一长圆斑，雄虫较青，雌虫较紫蓝。翅反面灰白色有紫蓝条纹，与正面相同，但条纹较粗。

　　寄主：不详。

　　分布：江苏（宜兴）、江西、广西、浙江、湖南、四川、云南、西藏、海南、台湾；缅甸、越南。

雄正　　　　　　　　　　　　雄反

87.三岔绿尺蛾 *Mixochlora vittata* (Moore, 1868)

鉴别特征：体长 15 ~ 16mm，翅展 38 ~ 48mm。雄虫触角黄褐色双栉齿状，末端线状；雌虫触角黄褐色线状。翅底色浅灰绿色，斑纹鲜绿色带状。前翅顶角凸出，略呈钩状，前缘锈黄色，近翅基半部具 3 条外倾鲜绿色带，近端半部具 2 条内倾绿色带，2 组色带接触呈三叉状。后翅外缘略圆，后翅具 3 条内倾绿色带，缘毛同前翅。

寄主：榛木科、壳斗科。

分布：江苏、浙江、湖北、江西、湖南、福建、广东、四川、云南、海南、台湾；日本、印度、不丹、尼泊尔、泰国、菲律宾、马来西亚、印度尼西亚。

雄　　　　　　　　　　　　雄

雌　　　　　　　　　　　　雌

88.金星垂耳尺蛾 *Pachyodes amplificata* (Walker, 1862) (江苏新纪录种)

鉴别特征：体长20～24mm，翅展51～56mm。雄虫触角褐色双栉齿状，末端线状；雌虫触角褐色线状。体背白色，胸部、腹部背面鲜黄色与深灰褐色相间。翅白色，散布大小不等的深灰色斑块，前翅内线为灰色直条，外线由6～7个灰色圆斑排列成行，基部和臀角处具散碎灰斑，其上散布金黄斑。后翅臀角具散碎灰斑，也散布金黄斑。

寄主：不详。

分布：江苏（宜兴）、福建、甘肃、安徽、湖北、江西、湖南、浙江、四川、广西。

雌　　　　　　　　　　　　　　　　雌

雄

89.海绿尺蛾 *Pelagodes antiquadraria* (Inoue, 1976) (江苏新纪录种)

鉴别特征：体体长12～13mm，翅展30～36mm。雄虫触角黄褐色双栉齿状，末端线状；雌虫触角黄褐色线状。体蓝绿色。前、后翅翅面均蓝绿色，散布白色碎纹，线纹纤细。前翅前缘黄色，近翅基部具一向外倾斜的横纹，较直；近翅中部具一几乎与后缘垂直的横纹；缘毛黄白色。后翅近翅中部具一上 2/3 段直、下 1/3 内折的横纹；缘毛同前翅。翅反面色较浅，浅蓝绿或月白色，隐约可见翅正面横纹。

寄主：茶、樟、杧果。

分布：江苏（宜兴）、福建、浙江、江西、湖南、广东、海南、广西、云南、西藏、台湾；日本、印度、不丹、泰国。

雄　　　　　　　　　　　　　雄

雌　　　　　　　　　　　　　雌

90. 亚海绿尺蛾 *Pelagodes subquadraria* (Inoue, 1976)（江苏新纪录种）

鉴别特征：体长 11mm，翅展约 34mm。触角黄褐色，雄虫触角基部约 2/3 双栉齿状，末端约 1/3 线状；雌虫触角线状。额灰黄褐色，鳞片粗糙。头顶前半部白色，后半部及体背蓝绿色。前翅顶角尖，外缘浅弧形；后翅顶角略凸出，翅外缘中部极微弱折角状凸出；

前、后翅翅面均蓝绿色，散布白色碎纹，线纹纤细；前翅前缘黄色，近翅基部具向外倾斜横纹；近翅中部具几乎与后缘垂直的直横纹；缘毛黄白色。后翅近中部具上 2/3 段直、下 1/3 段内折的波曲状横纹，缘毛同前翅。翅反面色较浅，浅蓝绿或月白色，隐见翅正面斑纹。

寄主：樟。

分布：江苏（宜兴）、河南、湖北、江西、湖南、福建、台湾、广东、海南、广西；日本。

注：又名亚樟翠尺蛾。

雄

91.红带粉尺蛾 *Pingasa rufofasciata* Moore, 1888（江苏新纪录种）

鉴别特征：体长 18 ～ 20mm，翅展 40 ～ 42mm。雄虫触角灰褐色短双栉齿状；雌虫触角灰褐色线状。头顶灰白色。胸部背面和腹面白色杂黄褐色和黑色鳞片。前翅灰白色至褐色，近翅基 1/3 处具一黑色波状线，几乎达到后缘；中央具一黑色短波状线；近端部 1/3 处具稍向外侧扩展呈弧形的黑色波状线，该线内侧翅面除前缘褐色外呈灰白色，外侧呈黄褐色，嵌不甚清晰的白色波状线，沿翅脉被黄色鳞片；外端缘具断续黑色条纹。后翅基部 2/3 呈灰白色，嵌不清晰的黑色条纹；近端部 1/3 处具一条略呈弧形的黑色波状线，该线外侧的翅面黄褐色，内嵌不甚清晰的白色波状线，沿翅脉被黄色鳞片；端缘具断续黑色条纹。

寄主：不详。

分布：江苏（宜兴）、浙江、湖北、江西、湖南、福建、广西、四川、贵州、云南；印度。

雄　　　　　　　　　　　　　　雄

92.黄基粉尺蛾 *Pingasa ruginaria* (Guenée, 1858)（江苏新纪录种）

　　鉴别特征：体长18～20mm，翅展40～42mm。触角黄褐色或褐色，雄虫触角双栉齿状，栉齿长仅略大于触角干直径，末端1/3无栉齿，雌虫触角线状。体色粉白色间有褐色散点，头顶和胸部、腹部背面灰白色，腹部背面有小毛簇。翅灰白色，宽大，前翅翅面中央近前缘处具短条状斑点，内侧具波浪状横线，近外缘具黑色波状横线，其外侧满布褐色点。前、后翅外缘弧形微波曲状，在翅脉上向外凸出细小尖齿，后翅后缘延长。

　　寄主：日本南五味子、血桐、野梧桐、粗糠柴、蔷薇。

　　分布：江苏（宜兴）、广西、云南、海南、台湾；日本、印度以及非洲。

雄正　　　　　　　　　　　　　　雄反

雄正　　　　　　　　　　　　　　　雄反

93.镰翅绿尺蛾 *Tanaorhinus reciprocata confuciaria* (Walker, 1861)（江苏新纪录种）

鉴别特征：体长20～26mm，翅展44～65mm。雄虫触角黄褐色短双栉齿状，末端线状；雌虫触角黄褐色线状。头顶白色，胸部绿色，腹部灰黄色。翅绿色，前翅翅面近外缘具白色双行横线，两线中间具月牙形灰白斑，近翅基处具3条白色短弧状横线。后翅近外缘具2行短弧形横线。翅反面灰黄绿色，前翅翅中近外缘处具一深褐色斑点。

寄主：栎属。

分布：江苏（宜兴）、河南、湖北、湖南、福建、海南、广西、四川、贵州、云南、西藏、台湾；日本以及朝鲜半岛。

雄　　　　　　　　　　　　　　　雄

雄　　　　　　　　　　　　　　　雄

雄 雄

雄 雄

雄反 雌反

雌 雌

雌　　　　　　　　　　　　　雌

94.小缺口青尺蛾 *Timandromorpha enervata* Inoue, 1944（江苏新纪录种）

　　鉴别特征：体长15mm，翅展45mm。雄虫触角黄褐色双栉齿状，末端线状；雌虫触角黄褐色线状。头黄白色至黄褐色，额略凸出，胸部背面紫灰色至灰绿色，腹部背面灰黄褐色。前翅顶角极凸出，镰刀状，其下方凹，形成一缺口，翅紫灰色或紫灰色与暗绿色相间，翅面近中部具强烈银灰色光泽，并略向下扩展，其内侧具深色波浪状横线，横线内侧有浅色边，其外侧具下方内弯的横线，横纹外侧具数个大小不等的黄白色斑，斑内有褐线，缘毛深紫灰色，在缺口内除翅脉端外黄白色。后翅外缘中部凸出一尖角，翅面中部具直的横线，其外侧为宽大黄白色斑，斑内翅脉褐色，有黑色碎纹，斑外至外缘上半部灰黄褐色，下半部紫灰色至灰黑色。

　　寄主：木莲。

　　分布：江苏（宜兴）、福建、河南、陕西、甘肃、湖北、江西、湖南、浙江、四川、海南、台湾；日本、印度、印度尼西亚以及朝鲜半岛。

雌　　　　　　　　　　　　　雌

花尺蛾亚科 Larentiinae

95.常春藤洄纹尺蛾 *Callabraxas compositata* (Guenée, 1857)（江苏新纪录种）

　　鉴别特征：体长16～18mm，翅展41～45mm。触角褐色线状，雄虫具短纤毛。体粉白色。前翅翅面近翅基、翅中、翅外缘具多条棕色迥纹，后角上有杏黄色及灰蓝色斑纹。后翅近翅中具一明显棕色斑点，其在反面比正面清晰。

寄主：葡萄、常春藤、爬山虎、地锦等藤本植物。

分布：江苏（宜兴）、山东、河北、浙江、福建、湖北、湖南、河南、江西、四川、云南、台湾；日本以及朝鲜半岛。

注：又名葡萄迥纹尺蛾。

雄

雄

雌

雌

96. 云南松迥纹尺蛾 *Callabraxas fabiolaria* (Oberthür, 1884)（江苏新纪录种）

鉴别特征：体长18mm，翅展45mm。触角黄褐色线状，雄虫具短纤毛。体背黄色，腹部两侧具成对黑斑。前翅白色，翅基部具黄褐斑，其中具白色横线，翅中部前缘具一个梯形黄褐色斑，外缘顶角下具一灰褐色斑，内缘波形。

寄主：云南松。

分布：江苏（宜兴）、北京、甘肃、吉林、浙江、湖北、江西、湖南、广西、四川、贵州、云南；朝鲜。

雄　　　　　　　　　　　　　雄

雌　　　　　　　　　　　　　雌

97.多线洄纹尺蛾 *Callabraxas plurilineata* (Walker, 1862)（江苏新纪录种）

　　鉴别特征：体长12～13mm，翅展31～34mm。触角黄褐色线状，雄虫具短纤毛。体灰黄色。翅黄白色，前翅基部具2条黑带，翅面近翅基、翅中和近外缘均具由3条黑带组成的横纹，外缘还具三长一短的黑带，缘线黑色光滑。后翅色淡，仅有翅中部具3条黑带，其内侧具辐射状纵带，外侧呈深黄色，顶角斜向内具若干黑色大斑。

　　寄主：不详。

　　分布：江苏（宜兴）、上海、浙江、福建。

雄　　　　　　　　　　　　　雄

雌   雌

98.连斑双角尺蛾 *Carige cruciplaga debrunneata* Prout, 1929（江苏新纪录种）

鉴别特征：体长12mm，翅展28～30mm。触角褐色双栉齿状，雄虫栉齿较长，雌虫较短。体背和翅灰黄色，散布褐色鳞片。前翅顶角和外缘中部凸出，后翅外缘凸出2个尖角，尖角之间深凹。翅脉淡黄色，前翅内侧横线和前、后翅近外缘横线黄色，其两侧具黑线或黑斑，翅面中央近外缘具黑色短条状斑，周围淡黄色，前翅外缘在顶角下方及近后角处有模糊褐斑，斑上可见黄白色波状横线，缘毛黑褐色，在翅脉端黄色。

寄主：不详。

分布：江苏（宜兴）、湖南、江西、四川、福建、云南。

雄   雄

雄   雌

99.汇纹尺蛾 *Evecliptopera decurrens decurrens* (Moore, 1888)

鉴别特征：体长10～11mm，翅展28～34mm。触角褐色线状，雄虫具短纤毛。额及头顶白色，边缘深褐色，胸部、腹部背面深褐色，背中线黄白色。前翅深红褐色至黑褐色，具多条黄白色线条，近基部横线斜行，细弱，其外侧具一条极度外倾横线，翅面中部具3条外倾横线，其外侧具4条横线，第2条细弱，第3条粗壮，由顶角发出的一条白线与近外缘横线有交叉，后角处具一个浅色黄白大斑，另有2条白线起自后缘内1/3处，上行并外倾，并汇入大斑中。外缘横线白色，缘毛黑褐色。后翅灰褐色，隐见2条灰白色横线。

寄主：木通、三叶木通。

分布：江苏、陕西、江西、福建、湖北、四川、台湾；朝鲜、日本、不丹、印度。

注：又名烟火波尺蛾。

雌　　　　　　　　　　　　　　雌

100.奇带尺蛾 *Heterothera postalbida* (Wileman, 1911)（江苏新纪录种）

鉴别特征：体长12mm，翅展31mm。触角褐色线状，雄虫具短纤毛。翅较狭长。前翅灰黄褐色至灰红褐色，翅面中部具波状横线，其内侧具浅弧形横线，外侧具中部极凸出横线，中部横线与外侧横线之间色略深，散布黑斑，在翅脉上尤为明显。后翅灰白色，仅有极小的斑点，外缘横线和缘毛色较前翅浅。

寄主：赤松。

分布：江苏（宜兴）、福建、甘肃、浙江、湖南、陕西、上海、浙江、四川、云南；日本、俄罗斯以及朝鲜半岛。

雄

雄

雌

雌

101. 宁波阿里山夕尺蛾 *Sibatania arizana placata* (Prout, 1929)（江苏新纪录种）

鉴别特征：体长17mm，翅展44mm。触角灰褐色线状。头部褐色；胸部深褐色；腹部褐色，背面具断续黑色纵纹。前翅褐色，翅面中央附近具一大型不规则黑斑，从前缘延伸至后缘，内侧较直，外侧强烈波状；翅基具白色横线，线条直，该白线与前述大斑之间具波线白线；顶角附近具黑色纵纹。后翅灰褐色，中央偏外侧具白横线，近端缘具一列白点。

寄主：不详。

分布：江苏（宜兴）、福建、浙江、湖北、江西、湖南、广西、四川、云南。

注：又名阿里夕尺蛾。

雌　　　　　　　　　　　　雌

姬尺蛾亚科 Sterrhinae

102.尖尾瑕边尺蛾 *Craspediopsis acutaria* (Leech, 1897)（江苏新纪录种）

　　鉴别特征：体长11～13mm，翅展28～30mm。雄虫触角黄褐色双栉齿状，雌虫触角黄褐色线状。前、后翅均浅灰黄色，斑纹黑灰色；前翅中部具模糊横纹，并在前翅前缘下方外凸一个尖角，然后内倾并微波曲至后翅后缘中部；翅中部近前缘处具微小斑点；斑点外侧具模糊波曲状点状纹；翅外缘顶角下方具一小褐斑，斑下至后缘有波状纹；缘毛浅灰黄色至黄白色，在翅脉端有小黑点。后翅中部横纹较平直，其余斑纹与前翅相似。

　　寄主：不详。

　　分布：江苏（宜兴）、湖南、山西、甘肃、贵州、湖北、四川、广东。

雄　　　　　　　　　　　　雄

雄　　　　　　　　雄

雄　　　　　　　　雄

雌　　　　　　　　雌

雌　　　　　　　　雌

103.毛姬尺蛾 *Idaea villitibia* (Prout, 1932)

鉴别特征：体长8～10mm，翅展19～22mm。触角黄褐色线状。体黄褐色。前、后翅翅面黄褐色，外缘均为黑褐色。前翅近翅基部具近直线的横纹；翅面中部近前缘处具黑色小点状斑，该斑附近具模糊的横纹；斑外侧具波曲状横纹，与翅前缘相交处为一黑点。后翅近中部也具一黑色小点状斑；缘线红褐色。

寄主：不详。

分布：江苏、河南、陕西、浙江、湖北、江西、湖南、福建、广西、四川、贵州。

雄　　　　　　　　　　　　雄

雄　　　　　　　　　　　　雄

雌　　　　　　　　　　　　雌

雌

雌

104.佳眼尺蛾 *Problepsis eucircota* Prout, 1913（江苏新纪录种）

　　鉴别特征：体长13mm，翅展28mm。雄虫触角双栉齿状，雌虫触角锯齿状；额和头顶黑色，额下端略带白色；胸部和腹部第1、2节背面白色，其余腹节背面灰色。翅白色，前翅前缘近基部2/3处为深灰色。前翅具圆形眼斑，有时略呈卵圆形，眼斑内的银色圈通常比较完整；眼斑下方具一个小黄褐色斑，未达后缘，其上有银色鳞片。后翅眼斑肾形具银圈，眼斑下的小斑较前翅的大，有时与眼斑相连，下端到达后缘，大部覆盖银色鳞片。前翅眼斑外侧具黄褐色至深灰色细带状纹，中部略凹。后翅眼斑外侧具浅弧形灰色细带状纹；翅外缘内侧具灰色缘线；缘毛白色，端半部略带灰色。翅反面眼斑深灰褐色，中心灰白色。

　　寄主：不详。

　　分布：江苏（宜兴）、福建、山西、河南、陕西、甘肃、上海、浙江、湖北、江西、湖南、广西、四川、贵州、云南；日本以及朝鲜半岛。

雄

105.斯氏眼尺蛾 *Problepsis stueningi* Xue, Cui et Jiang, 2018（江苏新纪录种）

鉴别特征：体长 12 ～ 14mm，翅展 30 ～ 35mm。雄虫触角黄褐色双栉齿状，雌虫触角黄褐色线状。前翅前缘的灰色带较宽，眼斑圆形，斑内有白色条状中点，斑下为一模糊灰影状带，无银色鳞片。后翅眼斑近椭圆形，有时两侧缘略凹，有完整银圈，其下方小斑色深但边缘模糊，有少量银色鳞片；前、后翅眼斑外侧的横线及其外侧灰色云纹特别强壮，深灰色；缘毛灰色，在翅脉端色稍浅。翅反面颜色浅淡；前翅前缘黄褐色至深灰褐色，不向下扩展；两翅眼斑为正面斑纹透映到反面，无任何灰褐色，该处鳞片全为半透明的白色，有时有少量浅灰色，眼斑内的 2 个小黑斑在反面清晰可辨。

寄主：不详。

分布：江苏（宜兴）、福建、山西、陕西、甘肃、浙江、湖南、湖北、江西、广西、广东、四川、重庆、贵州。

雄　　　　　　　　　　　　雄

雄　　　　　　　　　　　　雄

雄　　　　　　　　　　　　雄

雌　　　　　　　　　　　　雌

雌　　　　　　　　　　　　雌

106.双珠严尺蛾 *Pylargosceles steganioides* (Butler, 1878)

鉴别特征：体长7～11mm，翅展19～25mm。雄虫触角黄褐色双栉齿状，雌虫触角褐色线状。胸部、腹部背面黄褐色，胸部前端有一条紫褐色横带。前、后翅外缘圆，翅面黄褐色，斑纹红褐色至紫褐色。前翅前缘深褐色，翅面中部近前缘具微小点斑，其附近具波状横线，近外缘具深褐色粗壮波状横线，并在翅脉上有褐色线与外缘相连。后翅中部斑点小，在中部横线上，其外侧具纤细波状横纹，外缘横线深褐色。

寄主：蔷薇、草莓、秋海棠、牛膝等植物。

分布：江苏、湖南、北京、山东、福建、江西、香港、台湾；日本、韩国、朝鲜。

雄　　　　　　　　　　　　雄

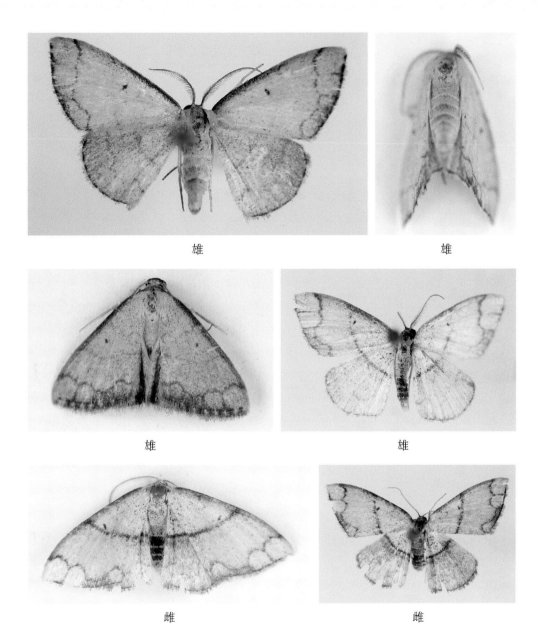

雄   雄

雄   雄

雌   雌

107.麻岩尺蛾 *Scopula nigropunctata* (Hufnagel, 1767)（江苏新纪录种）

鉴别特征：体长11mm，翅展24mm。触角灰黄色线状，雄虫具短纤毛。额黑色，体翅灰黄色，散布黑褐色鳞片。前、后翅翅面中部均具微小黑色斑点及细带状横纹；斑点内侧具细弱纹，外侧具细波状纹；翅前缘、外缘色稍深，近外缘处隐见浅色波状纹；翅外缘缘线黑褐色不连续；缘毛灰黄色；后翅外缘中部凸出成尖角。翅反面灰白色，前翅基半部散布灰褐色；线纹同正面。

寄主：蒲公英属、铁线莲属等。

分布：江苏（宜兴）、湖南、北京、河北、甘肃、四川以及东北地区。

雌

108.忍冬尺蛾 *Somatina indicataria* (Walker, 1861)

鉴别特征：体长 12 ～ 13mm，翅展 25 ～ 30mm。雄虫触角黄褐色短栉齿状，雌虫触角灰黄色线状。额黑褐色，头顶和胸部背面白色，腹部背面灰黑色，各腹节后缘白色。翅白色，翅面中部近前缘具黑色短条状点斑，具 2 个向外凸的小齿，其周围是一个灰褐色圆斑，并向下呈带状延伸至后缘，其附近具锯齿状、黄褐色横纹，该横纹外侧具细弱的横线，并在前缘外扩展成一小斑，其外侧还具 2 列半月形小灰斑，缘毛灰色，在翅脉端白色。后翅翅面中部具黑色点斑，其内侧为一条灰黑色模糊带，未达前缘，外侧具锯齿状横线，远离外缘且较完整，其尖齿在翅脉上形成小黑点。

寄主：忍冬、火力楠、梨。

分布：江苏、湖南、河北、陕西、山东、上海、江西、湖北、四川。

注：又名忍冬花边尺蛾。

雄

雄

雌 雌

109.曲紫线尺蛾 *Timandra comptaria* Walker, 1863

鉴别特征：体长8～9mm，翅展19～24mm。雄虫触角黄褐色线状，雌虫触角黄褐色线状。额黄褐色，头顶褐色。前翅顶角尖状外凸；后翅外缘中部凸出一尖角；前、后翅翅面灰黄色，散布深灰色斑点；前翅顶角至后缘中部具一倾斜紫色纹，其与后翅中部横纹连成一直线；近外缘具一灰黑色细线，呈"S"字形；前翅翅面中部具一深灰褐色小点，不清晰；前、后翅翅缘线均为红褐色；缘毛玫红色。翅反面的斑纹同正面。

寄主：水稻等。

分布：江苏、福建、黑龙江、吉林、北京、河北、陕西、甘肃、上海、浙江、湖北、江西、湖南、广东、四川、重庆、云南、台湾；俄罗斯、日本、印度以及朝鲜半岛。

雄 雄

雌 雌

雌　　　　　　　　　　　　雌

雌　　　　　　　　　　　　雌

110.极紫线尺蛾 *Timandra extremaria* Walker, 1861（江苏新纪录种）

鉴别特征：体长10～13mm，翅展29～38mm。雄虫触角黄褐色双栉齿状，雌虫触角黄褐色线状。体灰黄色。翅面灰褐色，前有一条褐色的横带，自顶角到后缘中央，展翅时两翅呈一直线，其下方尚有一条不明显的细点线，与各脉交会处具小黑点，展翅时也与后翅相连呈弧状条纹，后翅外缘中点尖锐。

寄主：不详。

分布：江苏（宜兴）、福建、陕西、甘肃、上海、安徽、浙江、湖北、湖南、广西、四川、贵州、台湾。

雄　　　　　　　　　　　　雄

雌   雌

111.霞边紫线尺蛾 *Timandra recompta* (Prout, 1930)

鉴别特征：体长9～10mm，翅展22mm。雄虫触角黄褐色双栉齿状，雌虫触角黄褐色线状。体褐色。翅褐色，前、后翅各具一紫红色条纹，从前翅顶角到后缘中点再到后翅后缘的中点。

寄主：酸模、萹蓄、马蓼、扛板归、小麦、大豆、玉米。

分布：江苏、内蒙古、北京、天津、河北、河南、山东、山西、新疆、上海、浙江、湖北、江西、贵州、广东、湖南、云南以及东北地区；日本、俄罗斯以及朝鲜半岛。

注：又名紫线尺蛾、红条小尺蛾、紫条尺蛾。

雄   雄

雌   雌

雌 雌

雌 雌

雌 雌

燕蛾科 Uraniidae

蛱蛾亚科 Epipleminae

1.缺饰蛱蛾 *Epiplema exornata* (Eversmann, 1837)

鉴别特征：体长7mm，翅展20mm。雄虫触角黄褐色栉齿状，雌虫触角黄褐色线状。头部白色，胸部及腹部背面白色。前翅白色，翅基部前缘散布不规则斑点，近基部1/3处具隐约的波状褐色线；中部具宽的双线型波状褐色线，其中部内侧具一黑色斑；近端缘处具隐约褐色斑。后翅白色，近基部具断续的褐色带纹；中部具前窄后宽的褐色波状带纹，中部外侧与一大型不规则深褐色斑相连，两尾突间具"M"字形褐色双线相连。

寄主：不详。

分布：东北地区、南方地区；日本、印度以及西伯利亚南部。

雄　　　　　　　　　　雄

2.褐带蛱蛾 *Epiplema plagifera* Butler, 1881（江苏新纪录种）

鉴别特征：体长7mm，翅展18mm。雄虫触角黄褐色短栉齿状，雌虫触角线状。头部灰褐色，胸部背面白色，腹部背面白色。前翅白色，前缘散布黑色斑点，翅中部具宽深褐色带，中部偏后颜色淡；端缘中央具不规则黑色斑，内嵌4个黑色斑点。后翅白色，由基部向端部具一宽纵带，淡褐色，内嵌黑色斑；前缘中部至外缘中部具近"S"字形褐色斑。

寄主：不详。

分布：江苏（宜兴）、甘肃、江西、台湾；日本。

注：又名黑斑双尾蛾、褐带燕蛾、列星蛱蛾。

雄   雌

雌   雌

3.后两齿蛱蛾 *Epiplema suisharyonis* Strand, 1916（江苏新纪录种）

鉴别特征：体长8～9mm，翅展22～26mm。触角线状，黄褐色。头部褐色，胸部、腹部背面褐色。前翅面褐色，前缘具稀疏的黑褐色短斑，翅面主要有2条中部向外扩展的"V"字形横带，第2条横带后方具明显的黑斑；顶角下也具黑斑。后翅褐色，也具2条中央向外侧扩展的"V"字形横带。

寄主：不详。

分布：江苏（宜兴）、陕西、甘肃、浙江、湖北、福建、云南、台湾。

雄   雄

雄

小燕蛾亚科 Microniinae

4.斜线燕蛾 *Acropteris iphiata* (Guenée, 1857)

鉴别特征：体长13～14mm，翅展28～30mm。触角白褐色线状，具纤毛。头部背面白色，胸部、腹部背面白色。前翅白色，顶角尖锐，自顶角向翅基及后缘发出粗细不等的黑色放射状线条。后翅白色，具较多的黑色线条，自然停息时与前翅放射状条纹相连接。

寄主：香茅、萝藦以及七层楼等萝藦科植物。

分布：江苏、北京、陕西、福建、江西、湖南、湖北、广西、四川、贵州、云南、浙江、西藏以及东北地区；日本、朝鲜、印度、缅甸、俄罗斯。

雌

蝙蝠蛾总科 Hepialoidea

▲ 蝙蝠蛾科 Hepialidae

疖蝙蛾 *Endoclita nodus*（Chu et Wang, 1985）（江苏新纪录种）

鉴别特征：雄虫体长31～33mm，翅展58～64mm；雌虫体长45～48mm，翅展94～98mm。触角短，褐色线状。体黑褐色。头部暗褐色，胸部褐色，腹部褐色。前翅黄褐色至褐色，沿前缘有4个由黑色与棕黄色线纹组成的斑，斑的外侧具一疖状隆起，其内具一深色椭圆形斑；沿后缘具黑色斑点列；翅面其余部分具数条黑色纵纹。后翅灰黑色，近长三角形。

寄主：鹅掌楸、板栗、柚木、八角枫、白玉兰、楝木、蓝果树、银鹊树、琅琊榆、野桐子、香椿、火青树、小叶女贞。

分布：江苏（宜兴）、安徽、浙江、江西、湖南、海南、广西、贵州。

雄　　　　　　　　　　雄

雄　　　　　　　　　　左雄右雌

雄   雄

雌   雌

枯叶蛾总科 Lasiocampoidea

枯叶蛾科 Lasiocampidae

1. 思茅松毛虫 *Dendrolimus kikuchii* Matsumura, 1927（江苏新纪录种）

鉴别特征：体长37～45mm，翅展60～80mm。触角黑褐色栉齿状。体、翅呈黄褐色、红褐色、赭色等。前翅前部白点大而明显，中后部有2条锯齿状线纹，黑褐色亚外缘斑列内侧具黄色斑，以顶角三斑最明显。后翅中间呈深色弧形带。雌虫白点至外线间有楔形褐色纹；雄虫白点至翅基间有两块紧连在一起的淡黄色斑。

寄主：云南松、思茅松、云南油杉、华山松、黄山松、马尾松。

分布：江苏（宜兴）、云南、四川、广东、广西、湖南、江西、浙江、福建、台湾、安徽、湖北。

雄

雄

雄

雄

雌   雌

2.马尾松毛虫 *Dendrolimus punctatus* (Walker, 1855)

鉴别特征：雄虫体长25 ～ 27mm，雌虫体长22 ～ 25mm；雄虫翅展40 ～ 45mm，雌虫翅展49 ～ 58mm。触角淡黄色至褐色，雄虫双栉齿状，雌虫栉齿状。体色有棕色、褐色、灰褐色、鼠灰色、枯叶色等。前翅中部有白色小点，亚外缘斑点深褐色或黑褐色，呈不规则的长圆形，内侧一般呈明显的淡色斑纹，外线齿状，有时中、外横线间或外线与亚外缘斑列间呈一宽带。雄虫除亚外缘斑列内侧淡色斑纹明显外，一般为深褐色，花纹不明显。

寄主：马尾松、湿地松、火炬松、云南松、南亚松。

分布：江苏、浙江、安徽、福建、江西、河南、湖北、湖南、广东、广西、海南、四川、贵州、云南、陕西、台湾；越南。

雄   雄

雄　　　　　　　　　　雄

雌　　　　　　　　　　雌

雌　　　　　　　　　　雌

3.竹纹枯叶蛾 *Euthrix laeta* (Walker, 1855)

鉴别特征：雄虫体长 25～30mm，雌虫体长 27～28mm；雄虫翅展 40～50mm，雌虫翅展 65～69mm。触角黄褐色双栉齿状，雄虫栉齿较长，雌虫栉齿较短。体橘红色或红褐色。前翅红褐色至淡褐色，翅基至顶角具一条紫色弧形线，其与前缘之间红褐色至黄褐色，具上小、下大两个白斑，有时两斑合并，白斑上有少量赤褐色鳞片；其与后缘之间基部黄色，端部红褐色或淡褐色。后翅前缘区红褐色至深褐色，其余部分呈淡黄色或灰黄色。

寄主：竹、芦。

分布：江苏、云南、湖南、湖北、山西、陕西、广西、河南、四川、江西、浙江、安徽、福建、辽宁、台湾；朝鲜、日本、越南、印度、斯里兰卡、泰国、尼泊尔、马来西亚、印度尼西亚、俄罗斯。

注：又名竹黄枯叶蛾、竹黄毛虫。

雄

雄

雌

雌

4.橘褐枯叶蛾 *Gastropacha pardale sinensis* Tams, 1935（江苏新纪录种）

鉴别特征：体长22～27mm；翅展45～70mm。触角黄褐色或灰褐色，双栉齿状，雄虫栉齿较长，雌虫栉齿较短，经常强烈卷曲。体、翅紫褐色，头部深褐色。前翅褐色，翅脉黄褐色；翅面中央有一明显黑斑点，翅面上有分散不规则黑褐斑。后翅长椭圆形；前半部呈紫褐色，中央具黄白色椭圆形斑或为黑色鳞片围成的椭圆形环，前缘的两个斑内嵌黑点，前缘内侧斑后方具一黑点；后半部呈淡褐色。

寄主：柑橘。

分布：江苏（宜兴）、福建、浙江、江西、湖南、湖北、广西、广东、海南、四川、云南。

注：又名橘毛虫、橘枯叶蛾。

雄　　　　　　　　　　雄

雌　　　　　　　　　　雌

雌 　　　　　　　　　　　　雌

雌 　　　　　　　　　　　　雌

5.油茶大枯叶蛾 *Lebeda nobilis sinina* de Lajonquière, 1979

　　鉴定特征：雄虫体长46～53mm，雌虫体长45mm；雄虫翅展78～81mm，雌虫翅展114mm。触角双栉齿状，雄虫栉齿较长，雌虫栉齿较短；雄虫触角黄褐色；雌虫触角梗节米黄色，羽枝黄褐色。雄虫体、翅棕褐色，前翅具4条浅褐色横线，形成2条灰褐色宽带，中间2条横线间呈深褐褐色，内嵌一近三角形白斑；后角具2个黑点，此2个黑点在个体间有所变异，有的较明显，有的不甚明显。后翅中间具2条淡褐色横线，外缘毛灰白色。

　　寄主：油茶、枫杨、板栗、栎、化香、苦槠、山毛榉、水青冈、侧柏。

　　分布：江苏、浙江、安徽、福建、江西、河南、湖北、湖南、广西、陕西、云南。

　　注：又名油茶枯叶蛾、油茶毛虫、油茶大毛虫、杨梅毛虫。

雄　　　　　　　　　　　　雄

雌　　　　　　　　　　　　雌

6.苹枯叶蛾 *Odonestis pruni* (Linnaeus, 1758)

　　鉴别特征：体长21～22mm，翅展40～41mm。触角黄褐色双栉齿状。体、翅黄褐色至红褐色。前翅具2条横线，内侧的细且为褐色，外侧的粗且为黑褐色，两线间具近圆形白斑；翅端缘具深褐色宽带。后翅黄褐色至红褐色。

　　寄主：苹果、梨、李、梅、榆、柳、桦、樱桃等。

　　分布：江苏、北京、内蒙古、山东、山西、河北、河南、安徽、广西、江西、浙江、福建、湖北、湖南、甘肃、四川、陕西、云南、台湾以及东北地区；日本、朝鲜、蒙古以及欧洲。

　　注：又名苹毛虫、苹果枯叶蛾、李枯叶蛾。

雄 　　　　　　　　　　　　雄

7.栗黄枯叶蛾 *Trabala vishnou* (Lefèbvre, 1827)

鉴别特征：雄虫体长20～22mm，雌虫体长20～29mm；雄虫翅展35～44mm，雌虫翅展55～71mm。触角黄褐色双栉齿状，雄虫栉齿较长，雌虫栉齿较短。雌雄异形。雌虫体橙黄色至黄绿色，头部黄褐色，复眼黑褐色，腹部末端密生黄褐色毛。前翅近三角形，具2条明显的横线，内侧横线前端向基部弯曲，外侧横线较直，内斜，2条横线间具黄褐色斑纹，后方具一大型褐色斑，该斑分别向2横线的基侧与外侧延伸，外侧横线与翅端间具8～9个黄褐色斑点组成的波状纹。后翅后缘黄白色，具2条横线，外侧的呈断点状。雄虫绿色或黄绿色，前翅也具2条深绿褐色横线，但两横线后端无大型褐色斑，后翅与雌蛾相似。

寄主：锐齿栎、栓皮栎、槲栎、辽东栎、樟、海棠、胡颓子、白栎、核桃、沙棘、榛子、旱柳、月季花、蓖麻、槭、蔷薇、苹果、山荆子、榆、水桐、山杨、黄檀、白檀、桉、海南蒲桃、洋蒲桃、肖蒲桃、相思木、枫、咖啡树、毛栗、石榴等。

分布：江苏、北京、陕西、甘肃、河北、山西、河南、浙江、安徽、福建、江西、湖北、湖南、广东、广西、四川、云南、贵州、西藏、台湾；柬埔寨、巴基斯坦、斯里兰卡、印度、尼泊尔、泰国、马来西亚、越南。

注：又名栎黄枯叶蛾、绿黄毛虫、栗黄毛虫、蓖麻黄枯叶蛾。

雄

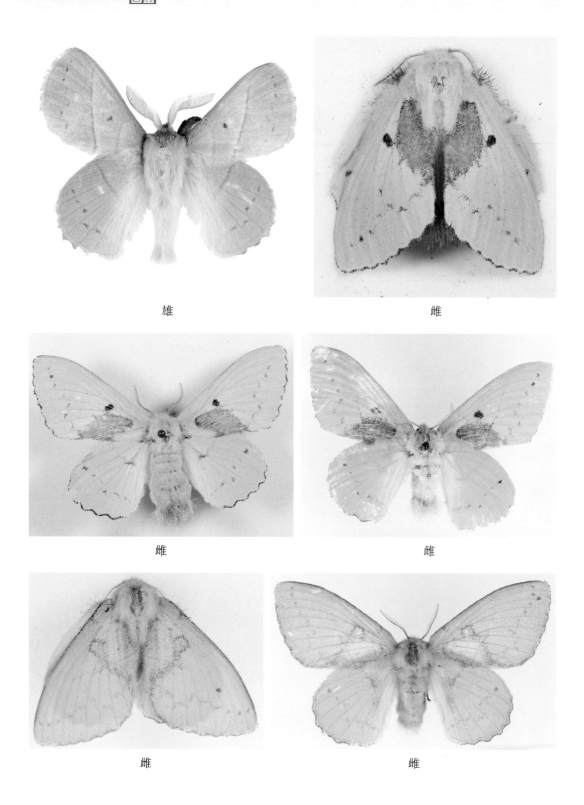

雄　　　　　　　　　　　　　　　雌

雌　　　　　　　　　　　　　　　雌

雌　　　　　　　　　　　　　　　雌

螟蛾总科 Pyraloidea

草螟科 Crambidae

水螟亚科 Acentropinae

1.棉塘水螟 *Elophila interruptalis* (Pryer, 1877)

鉴别特征：体长12mm，翅展27mm。触角线状，黄褐色至深褐色。头部淡褐色；单眼发达，黑色；下颚须、下唇须黄白色。体黄色间白色；胸部、背部黄白色，中胸背板褐色，腹部各节前端黄色，其余部分白色。前翅黄色，间杂不规则白色斑，基部白色斑边缘不清晰，中部与端部的白色斑较大，外侧边缘镶深褐色鳞片；翅端缘具黑褐色纹。后翅底色白，基部具边缘不清晰的椭圆形黄斑，中部具2条前端分开甚广、后端相互接近的深褐色条纹，外侧的条纹前端向外侧弯曲，2条纹间具深黄褐色新月形斑，斑的外缘镶深褐色鳞片；外缘具2条黄色条纹，内侧的波状，外侧的弧形且镶深褐色边，2条纹于翅后角处相互连接。

寄主：棉、睡莲、水鳖、眼子菜、丘角菱。

分布：江苏、河南、河北、湖北、湖南、天津、吉林、黑龙江、上海、浙江、安徽、福建、江西、山东、广东、四川、云南、陕西；朝鲜、日本、俄罗斯。

注：又名棉水螟。

雄

2.褐萍塘水螟 *Elophila turbata* (Butler, 1881)

鉴别特征：体长6～8mm，翅展14～19mm。触角黄褐色线状。头顶黄褐色掺杂有褐色鳞毛。胸部、腹部背黄褐色至深褐色。腹面灰白色。前翅中部颜色淡，为2条白色波状线所包围，其间具"X"字形的黄褐色斑纹，翅基部深褐色，间杂不规则白色条纹，端部深褐色，近端缘处嵌断续白色斑组成的波状带，端缘具黑褐色线。后翅中部色淡，也为2条波状白色条纹所包围，前后各具一深褐色不规则斑；基部深褐色，端部深褐色，近端部缘处嵌白斑组成的断续波状条纹。

寄主：水稻、浮萍、蘋、满江红、青萍、水萍、槐叶苹、雨久花、鸭舌草、水鳖、水浮莲。

分布：江苏、河南、北京、河北、天津、上海、浙江、安徽、福建、山东、湖北、湖南、广东、广西、重庆、四川、贵州、云南、陕西、台湾以及东北地区；朝鲜、日本、俄罗斯。

注：又名褐萍水螟、褐萍螟。

雄

雄

雌

雌

雌   雌

3.华斑水螟 *Eoophyla sinensis* (Hampson, 1897)

鉴别特征：体长15mm，翅展30mm。触角黄褐色线状，雄虫柄节侧面有一突起，雌虫触角细长。头部黄白色。胸部黄白色，间杂黄褐色鳞毛。腹部黄褐色。前翅基半部深褐色，近后缘具一弧形白斑；端半部黄褐色，内嵌一大三角形白斑及一近弧形宽白色条纹，白色条纹外侧镶黑色鳞片。后翅深黄褐色，中部具一大椭圆形白斑，并于前缘向基部延伸，白斑外侧镶黑边；端缘具3个中心有银点的黑斑。

寄主：不详。

分布：江苏、河南、湖北、河北、四川、陕西、江西、浙江、安徽、福建；泰国、尼泊尔。

雄

4.长狭翅水螟 *Eristena longibursa* Chen, Song et Wu, 2006（江苏新纪录种）

鉴别特征：体长10 ～ 11mm，翅展22 ～ 24mm。触角黄褐色线状。头部灰褐色，胸部黄褐色，腹部灰褐色至黄褐色。前翅底色灰白，前缘中央具一黑色斑点；沿后缘具一黄色三角形斑纹，端缘倾斜，镶黑边；端半部从后角向前缘具放射形黄褐色或黑褐色条纹，端缘条纹镶黑边。后翅灰白色，自基部后缘向前缘中央偏外侧具长三角形深黄褐色条纹，翅端缘具较宽的深黄褐色带纹，其内侧镶宽黑边，外缘镶2条细黑边。

寄主：不详。

分布：江苏（宜兴）、广西、福建。

雄　　　　　　　　　　　　　雄

雄　　　　　　　　　　　　　雄

雌　　　　　　　　　　　　　雌

5.断纹波水螟 *Paracymoriza distinctalis* (Leech, 1889)（江苏新纪录种）

鉴别特征：体长10mm，翅展24mm。触角线状，黄褐色至褐色。头部黑褐色。胸部背面褐色（雄虫）或黑褐色（雌虫），腹面土黄色。腹部背面黄褐色。前翅底色深褐色，翅面散布不规则白色线纹，翅中部具一较大的近四边形白斑，翅外缘具2个较大不规则白斑。后翅黑褐色，前缘基部淡褐色，翅面中部具一大一小2个白色斑点。

寄主：不详。

分布：江苏（宜兴）、河南、浙江、湖北、湖南、广东、广西、四川、贵州、台湾。

雄　　　　　　　　　　　　　雄

雄　　　　　　　　　　　　　雄

6.黄褐波水螟 *Paracymoriza vagalis* (Walker, [1866])（江苏新纪录种）

鉴别特征：体长11～13mm，翅展20～29mm。触角黄褐色线状。头部黄褐色，胸部背面褐色混有黄褐色鳞毛，腹部黄褐色。前翅黄褐色至黑褐色，翅面中央具隐约白色斑纹将翅面划分成3部分：基部具折线形成白色线纹，间黑色斑；中央部分较窄，前端白色，后端淡褐色；端部嵌不规则走向的白色线纹，近端缘前半部分具"丁"字形白色斑纹，其后具断续白斑组成的条纹，有些个体的断续白斑形成连续的白色长条纹。后翅中部白色，基部与端部深褐色，端缘嵌白色条纹。

寄主：川苔草。

分布：江苏（宜兴）、甘肃、浙江、福建、广东、广西、贵州、云南、台湾；日本、泰国、印度尼西亚、印度。

雄 雄

雄 雄

雌 雌

7.小筒水螟 *Parapoynx diminutalis* Snellen, 1880（江苏新纪录种）

鉴别特征：体长6～7mm，翅展16～19mm。触角黄褐色线状。头顶黄白色，有褐色带。胸部、腹部以及足黄白色。前翅底色白色，基半部夹杂不规则深色斑点，这些斑点可组成较大的斑块；端半部具2条波状的宽深褐色横带，端缘具深褐色细横线和稍宽的黄条纹，边缘具一列黑点。后翅白色，具4条波状横条纹，基部和端部的较细，中间2条稍宽，翅缘具黑斑列。

寄主：水鳖、水蕴草。

分布：江苏（宜兴）、陕西、河南、天津、上海、浙江、山东、湖南、广东、四川、贵州、云南、台湾；马来西亚、印度尼西亚、菲律宾、印度、斯里兰卡以及非洲。

雄　　　　　　　　　　雄

雄　　　　　　　　　　雄

雌　　　　　　　　　　　　　　　　雌

8.稻筒水螟 *Parapoynx vittalis* (Bremer, 1864)

鉴别特征：体长5～6mm，翅展14～16mm。触角淡褐色线状。头部、胸部黄白色，腹部淡褐色。前翅白色，前缘基部2/3淡黄褐色，翅面中央有2个小黑点；其下有一斜线伸达翅基，并向前弯曲达前缘；外缘有2条宽横线，两侧均镶暗褐边。后翅白色；翅面近中央具深褐色直条纹；近外缘具首尾两端相互连接的黄色宽条纹，内侧条纹镶深褐色边，外侧条纹内侧镶黑色边，外侧镶断续黑边，内嵌黑色斑点。

寄主：水稻、看麦娘、眼子菜等。

分布：江苏、北京、宁夏、内蒙古、河北、天津、山东、上海、江西、浙江、湖北、湖南、陕西、福建、四川、云南、广东、台湾以及东北地区；朝鲜、日本。

注：又名稻筒卷叶螟、稻水螟。

雌　　　　　　　　　　　　　　　　雌

雌

草螟亚科 Crambinae

9.稻巢草螟 *Ancylolomia japonica* Zeller, 1877

鉴别特征：体长10～13mm，翅展22～30mm。雄虫触角褐色锯齿状，有密齿排成鳃叶形。头部褐色，胸部褐色，腹部淡黄色。前翅黄褐色，雄虫色泽略深，沿翅脉有黑色点线，翅脉间有烟色纵条纹，近外缘具暗褐色、锯齿状线纹，其内侧有黄褐色条纹，外侧有灰白色波状条纹，翅外缘有一排黑点，缘毛淡褐色。后翅白色。

寄主：水稻。

分布：江苏、河南、北京、天津、河北、辽宁、黑龙江、浙江、安徽、福建、江西、山东、湖北、湖南、广东、广西、海南、四川、贵州、云南、西藏、陕西、甘肃、香港、台湾；朝鲜、日本、缅甸、泰国、印度、斯里兰卡、南非。

注：又名日本巢草螟、稻巢蚁、稻卷叶螟。

雄　　　　　　雄

雄　　　　　　　　　雄　　　　　　　　　雄

10.黄纹髓草螟 *Calamotropha paludella* (Hübner, 1824)

　　鉴别特征：体长10mm，翅展19mm。雄虫触角黄褐色锯齿状。体通常白色，前翅白色，散布深色斑点，近端部的斑点近呈直线，停息状态下略呈"人"字形。后翅白色，顶角处黑色。

　　寄主：香蒲。

　　分布：江苏、北京、陕西、宁夏、新疆、内蒙古、黑龙江、河北、天津、山东、上海、安徽、浙江、江西、福建、湖北、湖南、广西、四川、云南、台湾；日本、朝鲜、澳大利亚以及中亚至欧洲、非洲。

雄　　　　　　　　　　　雄

11.泰山齿纹草螟 *Elethyia taishanensis* (Caradja et Meyrick, 1937)（江苏新纪录种）

鉴别特征：体长7mm，翅展14mm。触角线状，背面黄白色与褐色相间，腹面淡褐色。头部灰褐色，胸部褐色，腹部褐色。前翅前半部色较深，近顶角处具深褐色放射状斜纹；后半部淡褐色，近端部具深褐色三角形斑，外侧镶白色边。后翅褐色。

寄主：不详。

分布：江苏（宜兴）、北京、陕西、宁夏、甘肃、青海、内蒙古、黑龙江、天津、河北、河南、山东、安徽、湖北、四川。

雄 雄

12.竹黄腹大草螟 *Eschata miranda* Bleszynski, 1965

鉴别特征：体长17～18mm，翅展34～35mm。雄虫触角锯齿状，靠近复眼的一侧为白色，另一侧为黄褐色。体纯白色，有些个体略偏淡蓝色。前翅白色，翅面中部附近具有2条浅黄条纹，端半部散布细小黑点，近外缘具有鲜橘黄色线纹，近后角处该线纹稍加粗。后翅白色。

寄主：竹。

分布：江苏、浙江、江西、福建、广东、四川、云南、台湾；日本、印度。

雄   雄

13.黄纹银草螟 *Pseudargyria interruptella* (Walker, 1866)

鉴别特征：体长6～7mm，翅展14～20mm。触角线状，褐色和白色相间。头部白色；胸部中部白色，两侧黄褐色；腹部褐色。前翅白色；前缘基半部具深褐色窄边，端半部具黄褐色宽边；翅面中央具深褐色横线，端缘具深褐色线纹，嵌一列黑色斑点。后翅白色至灰色。

寄主：苔藓类。

分布：江苏、江西、河南、河北、天津、浙江、安徽、福建、山东、湖北、湖南、广东、广西、四川、贵州、云南、陕西、甘肃、香港、台湾；日本以及朝鲜半岛。

雄   雄

雌　　　　　　　　　　　　　　　雌

野螟亚科 Pyraustinae

14.胭翅野螟 *Carminibotys carminalis* (Caradja, 1925)（江苏新纪录种）

鉴别特征：体长6～7mm，翅展16～17mm。触角线状，淡褐色至褐色。头部红褐色，胸部红褐色，腹部褐色。前翅淡黄褐色，前缘具宽红褐色边，基半部散布不规则红褐色斑点组成的断续条纹，端半部具隐约红褐色环形纹，其后接边缘不清晰的红褐色条纹，端缘具红褐色宽边。后翅灰褐色。

寄主：落萼叶下珠。

分布：江苏（宜兴）、河南、浙江、广东、广西、贵州、云南；日本。

雄　　　　　　　　　　　　　　　雄

雌　　　　　　　　　　　　　雌

雌　　　　　　　　　雌　　　　　　　　雄

15.黑角卡野螟 *Charitoprepes lubricosa* Warren, 1896（中国新纪录种）

鉴别特征：雄虫体长9～10mm，雌虫体长10～11mm；雄虫翅展22～23mm，雌虫翅展24～27mm。触角线状，黄褐色至褐色。头部淡褐色至灰褐色；胸部褐色；腹部褐色，各腹节后端白色。前翅淡褐色，翅面中部深褐色，具一大一小2个黑斑；顶角黑褐色。后翅褐色，翅面中部深褐色。

寄主：葛。

分布：江苏（宜兴）；日本、朝鲜、印度、尼泊尔。

注：中文名新拟。

雄　　　　　　　　　　　　雄

雄　　　　　　　　　　　　雄

雌　　　　　　　　　　　　雌

雌　　　　　　　　　　　　　　雌

16.竹金黄镰翅野螟 *Circobotys aurealis* (Leech, 1889)

鉴别特征：雄虫体长15mm，雌虫体长11mm；雄虫翅展33mm，雌虫翅展31mm。触角淡黄色线状。头部橙黄色。体背面黄色，体腹面淡灰黄色，雌雄异型。雄虫腹部两侧有黑色鳞毛；前、后翅灰黑色，有紫绢光泽，前翅顶角略呈镰刀状，缘毛黄色；后翅近三角形，缘毛黄色。雌虫较雄虫粗壮；前翅金黄色，缘毛黄色；后翅淡黄色，缘毛白黄色。

寄主：青皮竹、毛竹、淡竹、红壳竹、乌哺鸡竹、苦竹。

分布：江苏、安徽、福建、广东、湖南、江西、浙江；俄罗斯、朝鲜、日本。

雄　　　　　　　　　　　　　　雄

雄

雄

雌

雌

17. 黄斑镰翅野螟 *Circobotys butleri* (South, 1901)（江苏新纪录种）

鉴别特征：体长 10～14mm，翅展 22～25mm。触角黄褐色线状。头部黄褐色。胸部和腹部背面褐色，腹部各节后缘有白纹。前翅深褐色，前缘端半部黄色，并与后方一近四边形黄斑相连，端缘黄色。后翅褐色，前缘部分呈淡褐色，向端缘颜色渐加深。

寄主：不详。

分布：江苏（宜兴）、浙江、安徽、河南、湖北、贵州。

注：又名黄缘绒野螟、巴绒野螟。

雄　　　　　　　　　　雄

雌　　　　　　　　　　雌

18.横线镰翅野螟 *Circobotys heterogenalis* (Bremer, 1864)

鉴别特征：体长9～10mm，翅展15～24mm。触角黄褐色线状。头顶深黄色。胸部和腹部背面深黄色，腹面浅黄色，腹部末端深黄色。前翅深黄色，翅面中央近前缘处具一小深褐色圆斑，其外侧具一深褐色新月形斑，基部具一褐色波状斑纹，近端部具一起源于前缘的折线形横纹。后翅颜色较前翅略浅，近端部具波状横线，端缘具深褐色边。

寄主：不详。

分布：江苏、河南、河北、山西、福建、江西、山东、湖南、贵州；朝鲜、日本以及俄罗斯远东地区。

雄　　　　　　　　　　　　　　　　雄

雌　　　　　　　　　　　　　　　　雌

19.竹弯茎野螟 *Crypsiptya coclesalis* (Walker, 1859)

　　鉴别特征：体长9～13mm，翅展22～27mm。触角黄褐色线状。体、翅黄色或黄褐色。前翅外缘具褐色宽边；前翅有3条深褐色弯曲细线，最外侧细线下半段内折，并与中间的细线相接。后翅淡褐色，中央具一条深褐色细线，顶角深褐色，外缘具褐色边。

　　寄主：毛竹、淡竹、刚竹、苦竹。

　　分布：江苏、北京、云南、四川、浙江、上海、安徽、福建、江西、湖南、湖北、广东、广西、河南、山东、重庆、台湾；日本、印度、缅甸、印度尼西亚。

　　注：又名竹织叶野螟。

雄　　　　　　　　　　　　　雄

雌　　　　　　　　　　　　　雌

雌　　　　　　　　　　　　　雌

20.竹淡黄野螟 *Demobotys pervulgali* (Hampson, 1913)

鉴别特征：体长12～16mm，翅展24～29mm。触角褐色线状。头部淡褐色。胸部和腹部背面褐色，腹面乳白色。前翅淡褐色，前缘黑色，沿前缘具深褐色宽边；翅面中央具3条深褐色波状线纹，最外侧的线纹中后部内折，与中间的线纹相接，端缘具2列黑斑，内侧的较外侧的宽。后翅淡褐色，中部具深褐色波状纹，端缘具宽边，外嵌一列小黑斑。

寄主：青篱竹。

分布：江苏、河南、浙江、福建、湖南、广西、贵州、陕西；日本。

注：又名竹淡黄翅野螟。

雄

雄

雄

雄

雌　　　　　　　　　　　　　雌

21.白斑翅野螟 *Diastictis inspersalis* (Zeller, 1852)

鉴别特征：体长9～11mm，翅展17～19mm。触角黑褐色线状，鞭节末端色淡。头部黑褐色，胸部背面黑褐色，腹部黑褐色至黑色。前翅基部具一个小白斑；中部具一大白斑，外下侧具一较小白斑；近端部具一大白斑，其上与前缘的白斑相连，其下侧外方具一小白斑。后翅黑褐色，基部有大白斑，中下部具一白色大圆斑，下角附近另有一白斑。

寄主：不详。

分布：江苏、浙江、贵州、广东、云南、台湾；日本、缅甸、印度、印度尼西亚、不丹、斯里兰卡以及非洲。

雄　　　　　　　　　　　　　雄

雌 雌

22.黄翅叉环野螟 *Eumorphobotys eumorphalis* (Caradja, 1925)

鉴别特征：体长13 ~ 16mm，翅展28 ~ 36mm。触角黄褐色线状。头部黄褐色；胸部灰褐色，两侧有白纹；腹部褐色，腹部端部深褐色至黑色。前翅暗褐色，略带紫色，无斑纹，缘毛淡黄色。后翅暗褐色，缘毛黄色。雄虫前翅深褐色，雌虫淡褐色。

寄主：青皮竹、石竹、桂竹、淡竹、红壳竹、乌哺鸡竹。

分布：江苏、安徽、福建、广东、广西、湖南、江西、四川、云南、浙江、上海；日本。

注：又名黄翅双叉端环野螟、赭翅双叉端环野螟、赭翅叉环野螟。

雄 雄

雄　　　　　　　　　　　雄

雄　　　　　　　　　　　雄

雌　　　　　　　　　　　雌

雌 雌

雌 雌

23.离纹长距野蟆 *Hyalobathra dialychna* Meyrick, 1894

鉴别特征：体长10～11mm，翅展18～22mm。触角淡褐色线状。头部淡褐色，胸部黄褐色，腹部黄褐色至淡褐色。前翅黄褐色，近基部后缘具一宽红褐色带；翅面中央具3条波状深褐色带，外侧带较粗且后端消失；近端缘具不规则深褐色斑纹组成的断续纹；缘毛黑色。后翅前缘白色，其余部分黄褐色，端半部具3条深褐色带纹，第1条、第2条均较短；缘毛黑色。

寄主：不详。

分布：江苏、贵州、云南、台湾；印度、缅甸、日本。

注：中文名新拟。

雄

雄

雌

雌

24.条纹野螟 *Mimetebulea arctialis* Munroe et Mutuura, 1968

鉴别特征：体长13～14mm，翅展24～28mm。触角淡黄色线状。头部浅黄色，胸部背面浅黄色。前翅浅黄色，散布多条褐色短条纹。后翅中部具一不规则褐色斑，端缘具深褐色的宽边。

寄主：不详。

分布：江苏、陕西、甘肃、黑龙江、河北、河南、浙江、安徽、福建、海南、湖北、湖南、四川、贵州；朝鲜、俄罗斯。

雄 　　　　　　　　　　　　雄

25.缘斑须野螟 *Nosophora insignis* (Butler, 1881)

鉴别特征：体长14～15mm，翅展26～30mm。触角线状，黄褐色至深褐色。头部淡褐色；胸部褐色；腹部褐色，各腹节后端白色。前翅黑褐色，翅窄而长，翅前缘中部向后具2个黄色斑，内侧的斑近方形，外侧的近三角形。后翅黑褐色。

寄主：不详。

分布：江苏、重庆、贵州、西藏、浙江、江西、湖南、福建、海南、广西、台湾；日本。

雄 　　　　　　　　　　　　雄

雄　　　　　　　　　　　　　　雄

26. 多刺玉米螟 *Ostrinia palustralis* (Hübner, 1796)

鉴别特征：体长21mm，翅展29mm。触角褐色线状。头部黄色，微带紫红色；胸部黄色，前侧角微带紫红色；腹部黄褐色。前翅底色淡黄色至淡黄褐色，具鲜明的紫色斑，于翅基分为两支。一支位于前缘，直达顶角；另一支向后延伸至后角，并在翅端缘前相互连接而形成一闭环，有些个体闭环后缘开放。后翅黄褐色，近端缘处略带紫红色；有些个体后翅灰褐色，端缘具宽黑带。

寄主：玉米、大麻、洋麻、甜菜、粟、棉、黍、甘蔗。

分布：江苏、河北、河南、山东、山西、陕西、浙江、四川、广西、台湾以及东北地区；日本、朝鲜、印度以及欧洲。

注：又名酸模螟。

雄　　　　　　　　　　　　　　雄

27.接骨木尖须野螟 *Pagyda amphisalis* Walker, 1859

鉴别特征：体长8～12mm，翅展20～22mm。触角褐色线状。头部淡黄褐色，胸部黄褐色，腹部淡黄色。前翅淡黄色，有4条赭黄色细横线。后翅淡黄色，有3条赭色细横线。两翅缘毛均淡黄色。

寄主：接骨木。

分布：江苏、江西、广东、四川、贵州、云南、台湾；朝鲜、日本、印度。

雄

雄

雌

雌

28.双环纹野螟 *Preneopogon catenalis* (Wileman, 1911)（江苏新纪录种）

鉴别特征：体长8～9mm，翅展18～22mm。触角线状，基部暗褐色，端部黄褐色。头部黄褐色，胸部深褐色，腹部黄褐色。前翅橙黄色，顶角突出，尖锐，沿前缘散布短棒状黑色斑纹，基部具一不规则黑斑；中部有2个黑色半圆形斑纹；内侧斑与翅基间具断续波状黑色带纹，外侧斑与翅端缘间具后端内斜至后缘中央的波状黑色带纹；端缘具黑色线纹，缘毛黄色。后翅灰褐色，中部近前缘处具方形黑斑，其外侧具后端内折的深褐色波状线纹；端缘具黑色线纹，缘毛黄色。

　　寄主：琉球矢竹。

　　分布：江苏（宜兴）、浙江、福建、江西、台湾；日本。

　　　　　　雌　　　　　　　　　　　　　　　　　雌

　　　　　　雌　　　　　　　　　　　　　　　　　雌

29. 紫苏野螟 *Pyrausta phoenicealis* (Hübner, 1818)

　　鉴别特征：体长6mm；翅展15mm。触角黄褐色线状。下颚须黄褐色。体黄褐色。前翅黄褐色，翅基部附近具一波状细横纹，翅面中部偏外侧具不规则弥漫形紫红色斑纹，端部具一直条形紫色斑。后翅黄褐色，中央偏基部具一小黑斑，其外侧具深褐色不规则宽带纹，顶角深褐色。

　　寄主：不详。

　　分布：江苏、河北、浙江、福建、台湾。

雌　　　　　　　　　　　　雌

30.褐萨野螟 *Sameodes aptalis* Walker, 1866（江苏新纪录种）

　　鉴别特征：体长9mm，翅展19mm。触角黄褐色线状。头部淡褐色。胸部深褐色。腹部褐色。前翅淡褐色，前缘基半部暗褐色，端半部黄褐色，中部具一大一小2个暗褐色斑，两斑后方各具一小黑点；翅端缘具宽暗褐色带，内侧具波状暗褐色线纹。后翅淡褐色，中部具较宽的暗褐色断续纹，端缘具暗褐色宽带纹，带纹内侧具波状暗褐色线纹。

　　寄主：小喙唐松草。

　　分布：江苏（宜兴）、台湾；日本、印度以及朝鲜半岛南部。

雄　　　　　　　　　　　　雄

雄 雄

禾螟亚科 Schoenobiinae

31.黄尾蛀禾螟 *Scirpophaga nivella* (Fabricius, 1794)

鉴别特征：体长8～10mm，翅展18～31mm。触角线状，触角干褐色，其背面具白色斑。体色雪白有光泽；头部、胸部及腹部雪白色，双翅翅面雪白无斑纹，腹部末端橙黄色。

寄主：甘蔗、茅等。

分布：江苏、浙江、湖北、广东、福建、台湾；日本、印度、斯里兰卡、缅甸、印度尼西亚。

注：又名甘蔗白螟。

雌 雌

苔螟亚科 Scopariinae

32.白点黑翅野螟 *Heliothela nigralbata* Leech, 1889

鉴别特征：体长6mm，翅展14mm。触角黑色线状，雄虫有微毛。头部、体、翅黑色。前翅近端部2/3处有一淡灰黑色新月形斑。后翅中央有一白色小圆斑，缘毛基部黑色，端部灰黄色。

寄主：不详。

分布：江苏、湖南、北京、浙江、江西。

雄　　　　　　　　　　　雄

斑野螟亚科 Spilomelinae

33.白桦角须野螟 *Agrotera nemoralis* (Scopoli, 1763)

鉴别特征：体长9mm，翅展 20mm。触角黄褐色线状。头部黄色。胸部淡褐色，掺杂黄色斑纹。腹部基部腹节淡褐色，前缘具黄色横纹；腹末数节暗色。前翅基部1/3白色，散布不规则黄色条纹；端部2/3深褐色并向端部稍减淡至褐色，该区域中部具不甚清晰的黄色斑，其外侧具后端稍内斜的波状线纹；翅外缘波状，缘毛暗褐色与白色相间。后翅淡褐色，基部及后角附近色更淡，近白色；中部偏外侧具一暗褐色波状线纹。

寄主：白桦、千金榆、鹅耳枥。

分布：江苏、陕西、甘肃、北京、天津、河北、黑龙江、浙江、福建、山东、广西、四川、贵州、云南、台湾；朝鲜、日本、俄罗斯、英国、西班牙、意大利。

雌

34.黄翅缀叶野螟 *Botyodes diniasalis* (Walker, 1859)

鉴别特征：体长12～14mm，翅展26～29mm。触角淡褐色线状。体鲜黄色。头部、胸部及腹部前半部黄色，腹部后半部暗褐色至褐色。前翅黄色至褐色，中部近前缘有一褐色肾形斑，下侧有一斜线，该斑内、外侧具弯曲波纹。后翅黄褐色至淡褐色，由基部向端部色渐加深，中部近前缘具肾形斑，外侧具波状纹，顶角及外缘暗褐色。

寄主：杨属、柳属。

分布：江苏、北京、陕西、宁夏、湖北、广东、广西、河北、河南、山东、山西、内蒙古、浙江、安徽、福建、上海、四川、贵州、云南、海南、台湾以及东北地区；朝鲜、缅甸、日本、印度。

雄 雄

雄   雄

35.三角暗野螟 *Bradina trigonalis* Yamanaka, 1984（中国新纪录种）

鉴别特征：体长 14 ～ 19mm，翅展 30 ～ 38mm。触角线状，褐色向端部渐变淡而呈淡褐色。头部褐色，胸部深褐色，腹部褐色。前翅褐色，前缘基部黑色，翅面中央近前缘处具一暗褐色圆形斑和一个前宽后窄的条形斑，该条形外侧具后端稍内斜的暗褐色横纹。后翅褐色，中部近前缘也具一条形斑，其外侧具暗褐色横纹。

寄主：不详。

分布：江苏（宜兴）；日本。

注：中文名新拟。

雄   雄

雌　　　　　　　　　　　　　　　　　　雌

36. 长须曲角野螟 *Camptomastix hisbonalis* (Walker, 1859)（江苏新纪录种）

鉴别特征：体长8mm，翅展19mm。触角线状，基半部暗褐色，端半部褐色。头部暗褐色。胸部及腹部背面暗褐色，腹部腹面黄白色；腹部末端黄色。前翅近端部1/4处具一波状线纹，其与翅基间暗褐色至红褐色，中部具一小型浅色斑；其与翅端间淡褐色至黄褐色。后翅褐色，沿翅脉色深。

寄主：不详。

分布：江苏（宜兴）、河南、天津、福建、江西、山东、湖北、湖南、广东、四川、云南、陕西、西藏、香港、台湾；日本、马来西亚、印度以及加里曼丹岛。

雌

37.稻纵卷叶野螟 *Cnaphalocrocis medinalis* (Guenée, 1854)

鉴别特征：体长8～9mm，翅展13～21mm。触角线状，淡褐色至褐色。体背淡黄褐色，腹部末端具白、黑鳞毛。前翅黄褐色，前翅前缘黑褐色，外缘具黑褐色宽边；具3条横线，但中间的很短。雄虫前翅近中部具黑褐色毛簇。后翅外缘也具黑褐色宽边，具2条横线。

寄主：燕麦、椰子、马唐、穇、大麦、烟草、亚洲栽培稻、稷、雀稗、御谷、甘蔗、甜根子草、谷子、高粱、玉米以及栗属、芭蕉属、小麦属。

分布：江苏、福建、广东、广西、河北、河南、湖北、湖南、江西、内蒙古、山东、陕西、四川、云南、贵州、浙江、北京、天津、台湾以及东北地区；澳大利亚、巴布亚新几内亚、斐济、密克罗尼西亚、萨摩亚、新喀里多尼亚、马达加斯加、阿富汗、巴基斯坦、不丹、朝鲜、菲律宾、韩国、柬埔寨、老挝、马来西亚、孟加拉国、缅甸、尼泊尔、日本、斯里兰卡、泰国、文莱、新加坡、印度、印度尼西亚、越南以及加罗林群岛、美属萨摩亚群岛、所罗门群岛。

雄　　　　　　　　　　雄

雄　　　　　　　　　　雄

雌　　　　　　　　　　　　　雌

38.桃多斑野螟 *Conogethes punctiferalis* (Guenée, 1854)

鉴别特征：体长11～13mm，翅展23～25mm。触角黄褐色线状。体黄色。头部黄褐色。胸部、腹部黄色，背面具黑斑，腹末2节无斑，有时黑斑减少，腹末黑色。前、后翅均黄色，散布具众多不规则排列的黑斑。

寄主：臭椿、桃、阳桃、菠萝、木棉、板栗、柚、柑橘、山楂、龙眼、柿、枇杷、无花果、银杏、皂荚、大豆、向日葵、瓜叶葵、胡桃、扁豆、荔枝、苹果、杧果、香蕉、杏、梅、樱桃、李、石榴、蓖麻、圆柏、甘蔗、高粱、葡萄、玉米、姜科、番木瓜、小豆蔻、澳洲坚果、桑、红毛丹、马尾松、胡椒、郁李、番石榴以及杉木属、松属、梨属、栎属、棉属。

分布：江苏、安徽、北京、福建、广东、广西、海南、河北、河南、湖北、湖南、江西、辽宁、山东、山西、陕西、四川、天津、西藏、云南、浙江、香港、台湾；澳大利亚、巴布亚新几内亚、巴基斯坦、朝鲜、菲律宾、韩国、柬埔寨、老挝、马来西亚、缅甸、日本、斯里兰卡、泰国、文莱、印度、印度尼西亚、越南。

注：又名桃蛀螟、桃蛀野螟、豹纹斑螟、桃蠹螟、桃斑螟、桃实螟蛾、豹纹蛾、桃斑蛀螟。

雄　　　　　　　　　　　　　雄

雄　　　　　　　　　　雄

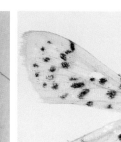

雌　　　　　　　　　　雌

雌　　　　　　　　　　雌

39.黄杨绢野螟 *Cydalima perspectalis* (Walker, 1859)

鉴别特征：体长 16 ～ 22mm，翅展 41 ～ 46mm。触角线状，黄褐色至褐色。头部深褐色，体背白色，胸部基部及前侧、腹端黑褐色。前翅前缘及外缘黑褐色，其余部分白色，翅中部近前缘具一白色肾形斑。后翅前缘及外缘黑褐色，其余部分白色半透明。

寄主：锦熟黄杨、黄杨、雀舌黄杨、小叶黄杨、卫矛、冬青卫矛、冬青、九里香。

分布：江苏、陕西、上海、浙江、湖南、湖北、四川、广东、西藏、重庆、云南、天津、河南、青海、安徽、福建；朝鲜、印度、日本、韩国、英国、匈牙利、瑞士、荷兰、法国、俄罗斯、德国、奥地利。

注：又名黄杨绢丝野螟。

| 雄 | 雄 |
| 雌 | 雌 |

40.瓜绢野螟 *Diaphania indica* (Saunders, 1851)

鉴别特征：体长 12 ～ 14mm，翅展 24 ～ 27mm。触角线状，淡褐色至褐色。头部、胸部黑色，腹部白色，第 7 ～ 8 节黑色。前翅白色，沿前缘和外缘黑色。后翅白色，外缘具宽黑褐色带。

寄主：冬瓜、印度芥菜、木豆、黄瓜、西瓜、丝瓜、甜瓜、南瓜、西葫芦、葫芦、梧桐、大豆、冬葵、木槿、常春藤、野葵、苦瓜、蕉麻、瓜叶栝楼、豇豆以及西番莲属、菜豆属、棉属。

分布：江苏、福建、广东、广西、贵州、海南、河南、湖北、江西、山东、四川、云南、浙江、香港、台湾；古巴、美国、牙买加、澳大利亚、巴布亚新几内亚、帕劳、法属波利尼西亚、斐济、关岛、基里巴斯、密克罗尼西亚、萨摩亚、汤加、瓦努阿图、埃塞俄比亚、安哥拉、贝宁、冈比亚、刚果、几内亚、加蓬、津巴布韦、喀麦隆、科摩罗、科特迪瓦、肯尼亚、留尼旺、马达加斯加、马拉维、马里、毛里求斯、毛里塔尼亚、莫桑比克、南非、尼日尔、尼日利亚、塞拉利昂、塞内加尔、塞舌尔、圣赫勒拿、索马里、坦桑尼亚、乌干达、赞比亚、中非、巴拉圭、法属圭亚那、委内瑞拉、法国、英国、朝鲜、菲律宾、韩国、柬埔寨、老挝、马尔代夫、缅甸、日本、沙特阿拉伯、斯里兰卡、泰国、文莱、新加坡、也门、印度、印度尼西亚、越南以及圣诞岛、塔希提岛、马克萨斯群岛、北马里亚纳群岛、加罗林群岛、马绍尔群岛、美属萨摩亚群岛、所罗门群岛。

注：又名瓜绢螟。

雄　　　　　　　　　雄

雄　　　　　　　　　雄

雌　　　　　　　　　　　　　　　　　雌

41.裂缘野螟 *Diplopseustis perieresalis* (Walker, 1859)

　　鉴别特征：体长6～9mm，翅展16～20mm。触角淡褐色线状。头部淡褐色，胸部褐色，腹部褐色。前翅浅褐色，向端部渐加深呈深褐色，前缘嵌不规则分布的小黑点，外缘波状；翅基部1/3具一深褐色宽横带，有时中央断裂；中部近前缘处具黑色三角形斑；近端缘处具白色弓形横纹，端缘具黑色斑。后翅淡褐色，中部近前缘具近三角形黑色条纹，端缘颜色稍加深。

　　寄主：不详。

　　分布：江苏、江西、河南、上海、浙江、安徽、福建、贵州、广东、广西、四川、香港、台湾；日本、马来西亚、斯里兰卡、斐济、新西兰、印度尼西亚、印度、澳大利亚以及加里曼丹岛、大洋洲。

雌　　　　　　　　　　　　　　　　　雌

雄

42.双纹绢丝野螟 *Glyphodes duplicalis* Inoue, Munroe et Mutuura, 1981（江苏新纪录种）

鉴别特征：体长10mm，翅展22mm。触角褐色线状。头部灰白色。胸部和腹部背面褐色至深褐色，两侧白色，中央具一白色纵条纹，各腹节间具白色环纹。前翅黄白色，翅面具5条深褐色横纹，似沿翅后缘向前缘放射状发出；基部第2条横纹窄；第3条宽，近前端内嵌肾形黑斑，后端嵌眼状纹，其与第2条之间区域具一黑斑；第4条后端与第3条相连；第5条最宽，颜色向外侧渐变淡；端缘具黑线。后翅基半部白色，端半部具一深褐色、内嵌一条边缘不清晰的淡褐色横纹，端缘具黑线。

寄主：桑。

分布：江苏（宜兴）、河南、福建、江西、湖北、湖南、广西、贵州、甘肃；日本。

雌

雌　　　　　　　　　　　　　雄

43. 齿斑绢丝野螟 *Glyphodes onychinalis* (Guenée, 1854)（江苏新纪录种）

鉴别特征：体长9mm，翅展17～20mm。触角褐色线状。头部淡褐色。胸部淡褐色，背面前端具"八"字形黑斑，后端还具一黑色圆斑，有些个体这些斑纹不明显。腹部淡褐色，背面具倒三角形深褐色斑，有些个体这些斑纹弥漫扩展，使腹节后缘呈白色。前翅灰白色，基部3/4处具双横线，双线内嵌黄褐色斑纹，翅面中央的双横线最宽，后端嵌白色钩状纹；翅面端部1/4处具一深褐色斑纹，并与前方的双线组成"Y"字形，其外侧具一列不规则黑斑，有时这些黑斑相互连接成一大黑斑。后翅灰白色，中央具宽暗褐色波状纹，翅端暗褐色，嵌不规则白斑或条纹。

寄主：夹竹桃、亚洲络石、细梗络石、蓝叶藤、钝钉头果、萝藦等。

分布：江苏（宜兴）、河南、安徽、福建、湖北、广东、四川、云南、贵州、西藏、上海、香港、台湾；朝鲜、越南、缅甸、日本、泰国、印度、斯里兰卡、印度尼西亚、澳大利亚、新西兰、美国、埃塞俄比亚、南非以及非洲西部。

注：又名齿斑翅野螟、齿斑绢丝斑野螟。

雄　　　　　　　　　　　　　雄

雄

雄

雌

雌

44.四斑绢丝野螟 *Glyphodes quadrimaculalis* (Bremer et Grey, 1853)（江苏新纪录种）

　　鉴别特征：体长14mm，翅展28mm。触角黑褐色线状。头部淡黑褐色，两侧有细白条；胸部及腹部黑色，两侧白色。前翅黑色有4个白斑，最外侧白斑下方具5个小白斑排成与外缘近平行的一列。后翅底色白色有闪光，沿外缘有一黑色宽缘。

　　寄主：萝藦。

　　分布：江苏（宜兴）、天津、山西、河北、山东、湖北、浙江、福建、四川、广东、云南、贵州、陕西、甘肃、宁夏以及东北地区；朝鲜、日本以及俄罗斯远东地区。

　　注：又名四斑绢野螟。

雄　　　　　　　　　　　　　　　雄

45.黑缘犁角野螟 *Goniorhynchus marginalis* Warren, 1895

鉴别特征：体长6～8mm，翅展14～17mm。触角黄色或棕黄色。头顶淡黄色。胸部背面淡黄色或黄白色。前、后翅黄色。前翅前缘及外缘黑褐色；前缘中央至后缘具较宽的黑褐色条纹，其内侧具较细窄的直横纹，外侧具下端弯向后缘基部略呈波状弯曲的黑褐色条纹。后翅具2条波状弯曲的黑褐色条纹，外缘黑褐色。腹部背面黄白色，基部具褐色横纹。

寄主：不详。

分布：江苏、四川、广东、重庆、贵州、云南、河北、河南、安徽、浙江、湖北、江西、湖南、福建、广西、台湾；日本、印度、越南。

雄　　　　　　　　　　　　　　　雄

雄　　　　　　　　　　　　雄

雌　　　　　　　　　　　　雌

46.棉褐环野螟 *Haritalodes derogata* (Fabricius, 1775)

鉴别特征：体长13～16mm，翅展30～33mm。触角线状，淡黄色至黄褐色。头部黄白色，胸部淡黄色，背部有12个棕褐色小点排成4列。前翅具波浪形横线、圆斑和肾形斑。后翅具圆斑及波形横线。腹部黄白色，各节前缘有灰黄褐色带。

寄主：棉、木槿、黄蜀葵、野葵、锦葵、芙蓉葵、秋葵、冬葵、野棉花、梧桐。

分布：江苏、北京、河北、河南、山西、山东、浙江、湖北、湖南、安徽、福建、广西、云南、四川、贵州；日本、朝鲜、斯里兰卡以及非洲、大洋洲。

注：又名棉卷叶野螟、棉大卷叶野螟。

雄 雄

雄 雄

雄 雄

雌 雌

雌 雌

47.黑点切叶野螟 *Herpetogramma basalis* (Walker, 1866)（江苏新纪录种）

鉴别特征：体长9mm，翅展18mm。触角淡褐色线状。头部、胸部黄褐色。腹部淡褐色。前翅淡褐色，前缘具深褐色宽纵带，并向端部颜色渐淡；翅面散布黑色斑点。后翅灰白色，翅中央偏基侧具暗褐色斑点，其外侧具断续暗褐色波状纹。

寄主：空心莲子草、苋。

分布：江苏（宜兴）、四川、重庆、台湾；日本。

雄

48.暗切叶野螟 *Herpetogramma fuscescens* (Warren, 1892)（江苏新纪录种）

鉴别特征：体长11～16mm，翅展22～30mm。触角线状，腹面淡黄色，背面褐色。体褐色或暗褐色。头部灰褐色或暗褐色。胸部及腹部背面褐色或暗褐色，胸部、腹部腹面白色或黄白色。雄虫前翅暗褐色，翅中部近前缘具黑色斑点，其内侧具一小而不明显的黑点；后翅褐色。雌虫与雄虫相似，但前翅近端部1/3处具一条深褐色波状横线，后翅中部也具一条波状横线。

寄主：不详。

分布：江苏（宜兴）、陕西、江西、湖北、河南、天津、河北、安徽、四川、西藏、云南、贵州、广东、广西、香港、台湾；日本、印度。

注：又名暗切叶斑野螟、空心莲子草野螟、棕旋野螟。

雄

雄

雄　　　　　　　　　　　　　　　　雄

雌　　　　　　　　　　　　　　　　雌

49.水稻切叶野螟 *Herpetogramma licarsisalis* (Walker, 1859)（江苏新纪录种）

鉴别特征：体长 10 ～ 11mm，翅展 22 ～ 24mm。触角黑褐色线状。体褐色。前、后翅褐色。前翅中部具4条隐约波状深褐色细横带，端缘具一黑斑列。后翅近前缘中部具一暗褐色斑，下方具波状横线，外方具2条波状横线。

寄主：水稻。

分布：江苏（宜兴）、湖北、浙江、安徽、福建、广东、贵州、云南；日本、越南、马来西亚、印度尼西亚、印度、斯里兰卡、澳大利亚。

注：又名稻切叶野螟。

雌

雌

雌

雌

50.葡萄切叶野螟 *Herpetogramma luctuosalis* (Guenée, 1854)

鉴定特征：体长11～12mm，翅展23～25mm。触角黄褐色线状。头部灰黑色。胸部、腹部褐色至深褐色，腹部各节后缘白色。前翅灰黑褐色，基部及外侧有黄白色短纹，外侧斑纹弯曲。后翅基部淡褐色，中央有2条黄白色条纹。

寄主：葡萄。

分布：江苏、河南、河北、黑龙江、吉林、浙江、福建、湖北、广东、贵州、四川、云南、陕西、台湾；日本、越南、印度尼西亚、尼泊尔、不丹、斯里兰卡、缅甸、印度以及朝鲜半岛、欧洲南部、非洲东部。

注：又名葡萄卷叶野螟、葡萄扭突野螟、葡萄叶螟。

雄 雄

雄 雄

雌 雌

雌　　　　　　　　　　　　　　雌

51.狭翅切叶野螟 *Herpetogramma pseudomagna* Yamanaka, 1976（**江苏新纪录种**）

鉴别特征：体长10～12mm，翅展24～30mm。触角黄褐色线状。体褐色。头部淡褐色至淡黄褐色。胸部、腹部淡褐色或淡黄褐色。前翅褐色，杂有淡黄色大小不等的斑纹，近基部1/3处具波状褐色线纹，端缘颜色深。后翅褐色，中部具褐色线纹，端缘具宽黑边。

寄主：抱树莲以及苔藓类。

分布：江苏（宜兴）、甘肃、湖北、河南、浙江、福建、四川；日本以及俄罗斯东南部。

雄　　　　　　　　　　　　　　雄

52.富永切叶野螟 *Herpetogramma tominagai* Yamanaka, 2003（**中国新纪录种**）

鉴别特征：体长8～10mm，翅展17～20mm。触角黄褐色线状。头部褐色。胸部黄褐色。腹部黄褐色至褐色。前翅黄褐色至褐色，前缘色深，翅面中央近前缘处具一肾形纹，其后方接一条波状深褐色纹，肾形纹内外两侧隐约可见2条波状深褐色线纹。后翅褐色，基部 1/3 近前缘处具一小黑点，黑点外侧具波状横纹。

　　寄主：不详。

　　分布：江苏（宜兴）；日本。

　　注：中文名新拟。

雄　　　　　　　　　　　　雄

雄　　　　　　　　　　　　雌

53. 黑点蚀叶野螟 *Lamprosema commixta* (Butler, 1879)（江苏新纪录种）

　　鉴别特征：体长 7 ~ 8mm，翅展 17 ~ 18mm。触角线状，淡黄色至淡褐色。体背及翅淡黄色，具黑褐色斑纹。前翅黄色，沿前缘散布数个黑斑，且中央附近的圆形斑内嵌黄色斑；翅面中央具圆形斑与肾形斑，两斑的基侧与外侧分别具黑色波状横纹，肾形斑下方及外侧尚具白斑；端缘具一列黑斑。后翅淡褐色至黄褐色，中央近前缘处具方形斑，其与翅端缘间具深褐色斑纹相互连接形成的宽带。

　　寄主：栗。

分布：江苏（宜兴）、北京、天津、湖北、福建、广东、海南、四川、云南、重庆、安徽、江西、陕西、甘肃、河南、西藏、台湾；日本、朝鲜、越南、马来西亚、印度、斯里兰卡、韩国、柬埔寨、尼泊尔。

雌　　　　　　　　　　　　　　　雌

雌　　　　　　　　　　　　　　　雌

雌　　　　　　　　　　　　　　　雌

54.豆荚野螟 *Maruca testulalis* (Geyer, 1832)

鉴别特征：体长 12 ～ 15mm，翅长 21 ～ 24mm。触角淡褐色线状。体暗黄褐色。前翅暗黄褐色，隐约可见黑色斑纹，翅面略有紫色闪光，翅中央有 2 个白色透明斑纹，内侧的小斑与翅基间具一小白斑。后翅白色，但前缘及外缘暗黄褐色，半透明有闪光。

寄主：落花生、刀豆、扁豆、大豆、绿豆、豌豆、绿豆、豇豆、菜豆、葛藤、玉米。

分布：江苏、福建、广东、广西、河南、湖北、湖南、内蒙古、山东、山西、陕西、云南、浙江、北京、河北、四川、贵州、台湾；澳大利亚、尼日利亚、坦桑尼亚、朝鲜、日本、斯里兰卡、印度、印度尼西亚以及夏威夷群岛。

注：又名苔豆荚野螟。

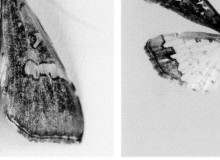

雄　　　　　　　　　　　　　　　　雄

雌　　　　　　　　　　　　　　　　雌

雌　　　　　　　　　　　　雌

55.四目扇野螟 *Nagiella inferior* (Hampson, 1898)

鉴别特征：体长12mm，翅展22～23mm。触角线状，淡褐色，基部黄褐色。头部淡褐色，胸部、腹部背面淡褐色，腹面白色。前翅黄褐色至深褐色，中央近前缘处具一近方形白斑，后方具一波状褐色横线；其外侧具一大型不规则白斑，两白斑之间的区域有时颜色较深，呈黑褐色。后翅黄褐色至深褐色，中央具大型白斑。

寄主：寒莓、茜草。

分布：江苏、陕西、湖北、广东、河南、浙江、四川、福建、台湾；朝鲜、日本、印度。

注：又名四目卷叶野螟。

雄　　　　　　　　　　　　雄

雌

雌

雌

雌

56.四斑扇野螟 *Nagiella quadrimaculalis* (Kollar et Redtenbacher, 1844)（江苏新纪录种）

　　鉴别特征：体长 13 ～ 15mm，翅展 27 ～ 29mm。触角线状，黄褐色至褐色，基部色较深。体、翅褐色。头部褐色。胸部、腹部背面褐色，腹面白色。前翅中央偏外侧具略呈肾形的白色斑纹，其内侧具不甚明显圆形斑，有些褐色，有些白色；缘毛褐色。后翅部具一近圆形白色斑。

　　寄主：寒莓。

　　分布：江苏（宜兴）、湖北、河南、辽宁、黑龙江、福建、江西、贵州；日本、印度、印度尼西亚以及俄罗斯远东地区。

　　注：又名四斑卷叶野螟、四斑肋野螟。

雌

雌

雌

雌

雌

雌

57.麦牧野螟 *Nomophila noctuella* (Denis et Schiffermüller, 1775)

鉴别特征：体长14mm，翅展27mm。触角深褐色线状。头部深褐色，胸部深褐色，腹部褐色。前翅褐色至深褐色，前缘端半部具数个小黑斑；翅面中央具前小后大的2个近圆形斑，其与翅基间具黑色鳞片组成的纵条纹，其与翅端缘间具一大型肾状纹，翅顶角下方具数个黑色纵纹。后翅淡褐色至褐色，顶角处色稍加深。

寄主：小麦、柳。

分布：江苏、陕西、湖北、河南、北京、天津、河北、内蒙古、山东、广东、四川、云南、贵州、西藏、宁夏、台湾；日本、印度、罗马尼亚、保加利亚以及北美洲、欧洲西部。

雌　　　　　　　　　　雌

58.豆啮叶野螟 *Omiodes indicata* (Fabricius, 1775)

鉴别特征：体长11mm，翅展23mm。触角线状，黄褐色至褐色。头部、胸部黄褐色。腹部黄褐色，每腹节端缘白色。前翅黄褐色，翅基部1/4处及端部1/4处各具黑色弧形横线，两横线间基侧具小黑斑，外侧具一肾形黑斑。后翅黄褐色至暗褐色，具2条波纹状线。

寄主：花生、鱼藤以及豆科植物。

分布：江苏、河北、河南、浙江、福建、四川、广东、台湾；日本、印度以及非洲、美洲。

注：又名豆卷叶螟。

雄　　　　　　　　　　　雄

雌　　　　　　　　　　　雌

雌　　　　　　　　　　　雌

雌

59.箬啮叶野螟 *Omiodes miserus* (Butler, 1879)（江苏新纪录种）

鉴别特征：体长10mm，翅展20mm。体黄褐色至褐色；头部黄褐色，胸部深褐色，腹部褐色，每节端缘白色。前翅褐色，近基部、中部及近端部各具黑色弧形线；近基部的弧形线外侧具黑色斑点，近端部的弧线后端内折与翅中部的弧线相连；端缘具黑色弧形双线。后翅褐色，中部附近具2条黑线，外侧黑线后端内折，与其内侧的黑线相连。

寄主：柳叶箬。

分布：江苏（宜兴）；日本以及朝鲜半岛。

注：中文名新拟。

雄

雌

60.三纹啮叶野螟 *Omiodes tristrialis* (Bremer, 1864)

鉴别特征：体长11mm，翅展22～24mm。触角灰褐色线状。体灰褐色。头部暗褐色；胸部暗灰褐色；腹部暗灰褐色，各节后缘白色。前翅灰黑色，隐约可见波状横线，翅中部具一灰黑色小点，外缘有灰黑色线。后翅翅面中部有灰黑色短条纹，横线内弯，灰黑色。

寄主：荞麦。

分布：江苏、河北、山东、浙江、安徽、福建、江西、湖北、湖南、四川、广东、台湾；朝鲜、日本、缅甸、印度、印度尼西亚以及俄罗斯远东地区。

注：又名三纹蚀叶野螟、三纹褐卷叶野螟。

雄　　　　　　　　　　雄

61.明帕野螟 *Paliga minnehaha* (Pryer, 1877)（江苏新纪录种）

鉴别特征：体长 8 ~ 9mm，翅展 16 ~ 17mm。触角黄褐色线状。头部黄褐色，胸部黄褐色，腹部褐色。前翅红色，后缘黄色；翅面可见 3 条深红色横线，其中最外侧横线后半部内折至第 2 条横线。后翅黄褐色至深褐色，由翅基向端部颜色渐加深，翅面中部具 2 条深色横线。

寄主：日本紫珠。

分布：江苏（宜兴）；日本以及朝鲜半岛南部。

注：中文名新拟。

雄　　　　　　　　　　雄

62.双突绢须野螟 *Palpita inusitata* (Butler, 1879)（江苏新纪录种）

鉴别特征：体长11mm，翅展20～23mm。触角黄褐色线状。头部、胸部、腹部白色。前翅白色，前缘黄褐色至深褐色，并向后方延伸为长短不一的条纹，基部的短、中外侧的长而断裂。后翅白色，基部近前缘具一小黑点，其外侧具一近似于惊叹号形斑纹，再外侧为一深褐色波状纹；沿端缘散布小黑点。

寄主：落萼叶下珠、水蜡树。

分布：江苏（宜兴）、浙江、福建、湖北、湖南、广东、广西、贵州；日本以及朝鲜半岛南部。

雄　　　　　　　　　　　　　　雄

雄　　　　　　　　　　　　　　雄

雌　　　　　　　　　　　　　　雌

63.白蜡绢须野螟 *Palpita nigropunctalis* (Bremer, 1864)（江苏新纪录种）

鉴别特征：体长13～15mm，翅展28～36mm。触角线状，黄褐色至褐色，有的基部1/3段白色。体及翅白色。头部、胸部背面灰白色。腹部背面灰白色，亚端部具一圈黑色毛。前翅前缘褐色，下方具4个小褐点，外缘具一列小褐点。后翅白色，翅面中央具一小褐点，外缘具一列小褐点。

寄主：白蜡树（小叶梣）、木樨、女贞、梧桐、丁香、橄榄。

分布：江苏（宜兴）、陕西、浙江、四川、贵州、云南、福建、甘肃、河南、河北、西藏、广东、香港、台湾以及东北地区；朝鲜、日本、越南、印度尼西亚、印度、斯里兰卡、菲律宾。

雄　　　　　　　　　　　　　　雄

雌　　　　　　　　　　　　雌

雌　　　　　　　　　　　　雌

64.小绢须野螟 *Palpita parvifraterna* Inoue, 1999（江苏新纪录种）

鉴别特征：体长11mm，翅展20～23mm。触角淡褐色线状。头部白色。胸部、腹部白色，腹端刚毛黄褐色至暗褐色。翅白色半透明，稍具金属光泽。前翅前缘有黄褐色带，并向后方延伸成锯齿状；翅中央黄褐色斑；顶角下方黑褐色，内嵌一长椭圆形横斑，下方内侧与一波状深色线纹相连。后翅近基部具一小黑点；中央具纺锤形斑，外侧具深色波状横线，下端部呈黑褐色。

寄主：不详。

分布：江苏（宜兴）、河南、福建、江西、湖北、广东、广西、四川、贵州、香港。

雄   雄

雌

65.枇杷扇野螟 *Patania balteata* (Fabricius, 1798)（江苏新纪录种）

鉴别特征：体长 14 ～ 15mm，翅展 28 ～ 29mm。触角线状，背面淡黄色，腹面橙黄色。头部橙黄色；胸部橙黄色；腹部黄色，各节后缘白色。前翅淡黄色至黄色，前缘色深；翅面中央近前缘处具内小外大的2个黑色斑，两斑基侧与外侧的横线波状，深褐色，前端分隔较广，后端于后缘处相互接近；顶角下方具为翅脉分隔的深色宽条纹，并与后角前上方的褐色弯曲条纹相连。后翅中央附近具小褐斑；外侧具长短不一的2条褐色波状横线，端缘褐色。

寄主：盐肤木、麻栎、栗。

分布：江苏（宜兴）、陕西、河南、湖北、浙江、福建、江西、四川、云南、西藏、台湾；朝鲜、日本、越南、印度尼西亚、印度、斯里兰卡以及非洲。

注：又名枇杷卷叶野螟、枇杷肋野螟。

雄

雄

雌

雌

66. 三条扇野螟 *Patania chlorophanta* (Butler, 1878)

鉴别特征：体长 12 ～ 15mm，翅展 26 ～ 34mm。触角黄褐色线状。体黄色，腹部各节后缘白色。前、后翅黄色；前翅 2 条褐色横线，外侧的横线后端内折至其间月牙形褐色斑后方。后翅有 2 条褐色横线，缘毛淡白色。

寄主：栗、柿。

分布：江苏、重庆、四川、贵州、陕西、内蒙古、天津、河北、山西、山东、河南、宁夏、甘肃、安徽、浙江、湖北、江西、湖南、福建、广东、海南、广西、台湾；朝鲜、日本。

注：又名三条肋野螟、三条蛀野螟、三条螟蛾。

雄　　　　　　　　　　　　　　雄

雄　　　　　　　　　　　　　　雄

67.大白斑野螟 *Polythlipta liquidalis* Leech, 1889

鉴别特征：体长19～21mm，翅展36～40mm。触角褐色线状。头部深褐色。胸部深褐色，后端间白色鳞片。腹部前部腹节白色，具一对黑色方形斑，后部腹节黄褐色。翅透明，有珍珠般光泽。前翅基部黑色，稍向外具一浅栗色宽带，并向外侧伸展，翅中央具一栗黄色斑，翅顶有一块黑褐色大斑。后翅白色，散布不规则黑褐色斑点或条纹。

寄主：水蜡树、日本女贞。

分布：江苏、陕西、浙江、湖北、湖南、四川、贵州、福建、广东、云南、重庆、河南、广西、海南；日本以及朝鲜半岛。

雄

68.豹纹卷野螟 *Pycnarmon pantherata* (Butler, 1878)

鉴别特征：体长10～15mm，翅展23～35mm。触角淡褐色线状。头部淡褐色。胸部背面淡黄色，中央有黑褐色鳞毛。腹部背面淡褐色，第4节黑色，各节后缘有黑色、白色细线，腹端有一黑点。前翅淡黄褐色，基角、前缘基部及后缘各有一黑斑，翅中央具一白色方形斑；顶角具一扇形黄色斑纹，其上具褐色弧形横纹将其划分成两片，其余各横线黑色、波状。后翅赭褐色，中部具一黑色环状纹，外侧横线黑色、弯曲。

寄主：不详。

分布：江苏、江西、安徽、陕西、河南、浙江、湖北、四川、台湾；朝鲜、日本、印度。

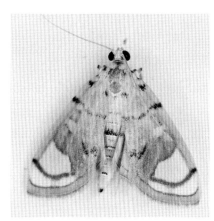

雄　　　　　　　　　　　雄

雄 雄

雄 雄

雌 雌

雌 雌

69.显纹卷野螟 *Pycnarmon radiata* (Warren, 1896)（江苏新纪录种）

鉴别特征：体长7～9mm，翅展17～21mm。触角淡褐色线状。头部灰白色。中、后胸背面分别具两黑斑。腹部淡褐色。前、后翅灰白色，近外缘区域浅黄色。前翅基部有两黑斑，顶角处白色；前缘近基部1/3处具一黑斑，后方具黑色横线；前缘近端部1/3处伸出一黑褐色斜纹弯至外缘中部；翅面中央近前缘处具一小黑点，下方具一外斜的粗条纹，外侧具一个三角形大黑斑，其外侧具外斜的黑色细条纹；沿翅缘具4个黑斑，向后方渐大。后翅中央具一个圆形黑斑，外侧具波状黑线，与后缘的圆形黑斑相连；外缘线黑褐色；缘毛浅黄色。

寄主：橘。

分布：江苏（宜兴）、江西、安徽、福建、河南、湖北、广东、广西、陕西、甘肃、香港；印度、越南、泰国以及欧洲中部。

注：又名显纹卷斑野螟。

雄　　　　雄

雌　　　　雌

雌　　　　　　　　　　　　雌

70.甜菜青野螟 *Spoladea recurvalis* (Fabricius, 1775)

　　鉴别特征：体长8mm，翅展20mm。触角暗褐色线状，触角基节膨大，雄虫基节膨大成耳状突起。体、翅棕褐色，头部于复眼两侧和头后具白纹，腹部具白色环纹。前翅中部具"丫"字形白斑，前缘近端部1/4处具一向后延伸的白斑，长度约为翅宽之半，白斑侧后方具2个小白点。后翅中部具白色横带，缘毛中、后部各具一白斑。

　　寄主：落花生、萝卜、藜、西瓜、野胡萝卜、苋、茄、菠菜、白车轴草、玉米、甜菜、甘蔗、茶。

　　分布：江苏、北京、天津、广东、江西、湖北、山东、内蒙古、河南、河北、山西、陕西、安徽、四川、贵州、云南、广西、西藏、台湾以及东北地区；朝鲜、日本、越南、缅甸、泰国、印度尼西亚、菲律宾、印度、尼泊尔、不丹、斯里兰卡、澳大利亚以及非洲、北美洲、南美洲。

　　注：又名甜菜白带野螟、甜菜野螟。

雌　　　　　　　　　　　　雌

雌　　　　　　　　　　雌

71.细条纹野螟 *Tabidia strigiferalis* Hampson, 1900（江苏新纪录种）

鉴别特征：体长8mm，翅展19mm。触角褐色线状。头部黄褐色；胸部黄褐色；腹部除中部深褐色外，其余黄褐色，有时除末节外，各节具黑色纵条。前翅黄褐色，翅面中央具2个黑色圆斑，其与翅基部间具不规则黑斑，下方具不规则黑条纹，外侧具放射状黑色条纹；近翅端具一列黑斑组成的断裂弧形横线，其外侧中部具2个黑斑。后翅黄褐色，近端缘具一列黑斑组成的弧形横线。

寄主：不详。

分布：江苏（宜兴）、北京、陕西、甘肃、黑龙江、辽宁、天津、河南、湖北、重庆、四川、贵州、河北、浙江、安徽、福建、广东、海南；韩国、朝鲜、俄罗斯。

雌　　　　　　　　　　雌

雄

72.黄黑纹野螟 *Tyspanodes hypsalis* Warren, 1891

鉴别特征：体长11～13mm，翅展24～28mm。触角线状，黄褐色至褐色。头部黄色。前翅白色，基部黄色，翅脉间具粗黑线条，翅基部具1～2个不规则黑斑，外方具2个近四边形斑纹。后翅黑色，中央具宽的淡黄褐色条纹。

寄主：不详。

分布：江苏、浙江、四川、重庆、贵州、云南、陕西、河北、河南、甘肃、上海、安徽、湖北、江西、湖南、福建、广东、海南、广西、台湾；朝鲜、日本、印度。

雄   雄

雄　　　　　　　　　　　雄

雄　　　　　　　　　　　雄

雌　　　　　　　　　　　雌

73.橙黑纹野螟 *Tyspanodes striata* (Butler, 1879)

鉴别特征：体长 11 ～ 14mm，翅展 24 ～ 30mm。触角线状，淡褐色至黄褐色。头部、体和翅橙黄色。前翅基部有一黑点，中室内有 2 枚黑斑，脉间共有 8 条黑纹，沿后缘的一条中断为 2 条。后翅淡黄色，外缘淡黑色。

寄主：早春旌节花、野生珍珠花、日本四照花。

分布：江苏、山东、浙江、湖北、江西、福建、河南、广东、广西、四川、贵州、云南、陕西、甘肃、台湾；日本以及朝鲜半岛。

雄　　　　　　　　　　　　　　　　雄

雌　　　　　　　　　　　　　　　　雌

螟蛾科 Pyralidae

丛螟亚科 Epipaschiinae

1.映彩丛螟 *Lista insulsalis* (Lederer, 1863)

鉴别特征：体长10～11mm，翅展20～23mm。雄虫触角黄褐色栉齿状，雌虫触角灰黄色线状。头部黄褐色线状，胸背、腹背黄褐色，夹杂黑褐色鳞片，腹面淡黄色。前翅锈红色，基部深褐色，具一略呈弧形的淡黄色横带，近端部具橙黄色横纹其两侧有白色、褐色镶边，内侧具深褐色横纹。后翅锈红色，基部具四边形深色斑，外缘具与前翅色泽相同的横纹。

寄主：不详。

分布：江苏、河北、山西、河南、陕西、甘肃、新疆、安徽、浙江、湖北、江西、湖南、福建、广东、海南、广西、四川、贵州、云南、台湾；俄罗斯、朝鲜、印度、斯里兰卡、缅甸、印度尼西亚。

注：又名锈纹丛螟。

雄　　　　　　　　　　雄

雄　　　　　　　　　　雄

雌　　　　雌

雌　　　　雌

雄

2.缀叶丛螟 *Locastra muscosalis* (Walker, 1866)（江苏新纪录种）

鉴别特征：体长12～14mm，翅展35～43mm。触角灰褐色线状，雄虫具细毛，雌虫具绒毛。头部褐色；胸部暗褐色；腹部黑褐色，背面散布灰白色鳞片。前翅深褐色，基部1/3前半部具2条上下排列的黑色纵纹，其外侧具黑色横线；前缘近端部1/3处具黑色鳞片组成的条纹，后接淡褐色波状弧形横线，该横线内侧具黑色圆形斑；端缘具深褐色条纹，为翅脉所分隔。后翅浅褐色，沿翅脉被褐色鳞片。

寄主：漆树、核桃、盐肤木、黄连木、马桑等。

分布：江苏（宜兴）、河南、浙江、福建、江西、湖北、湖南、广东、广西、海南、四川、贵州、云南、辽宁、北京、天津、河北、陕西、山东、香港；日本、印度、斯里兰卡。

雄　　　　　　　　　　　雄

雌　　　　　　　　　　　雌

斑螟亚科 Phycitinae

3.马鞭草带斑螟 *Coleothrix confusalis* (Yamanaka, 2006)（江苏新纪录种）

鉴别特征：体长9mm，翅展20mm。触角线状；雄虫触角柄节红褐色，鞭节背面灰褐色；雌虫触角灰褐色。头部红褐色，胸部红褐色至黑褐色，腹部深褐色。前翅黑褐色，杂白色鳞片，翅基部1/3后半部密被红褐色鳞片；从前缘基部1/4处到后缘基部1/3处具一白色横线。后翅灰白色，沿翅脉和外缘深褐色。

寄主：不详。

分布：江苏（宜兴）、天津、河北、浙江、安徽、福建、江西、河南、湖北、湖南、广东、广西、海南、重庆、四川、贵州、云南、陕西、甘肃；日本。

雌　　　　　　　　　　　　　雌

4.冷杉梢斑螟 *Dioryctria abietella* (Denis et Schiffermüller, 1775)

鉴别特征：体长13～14mm，翅展26～30mm。触角线状，深褐色间白色环。头部灰褐色；胸部灰褐色；腹部灰褐色，腹节后缘色淡。前翅窄，灰色；翅面中部附近具一锯齿状横线，白色，其与翅基间具2条边界不甚清晰的白色横线，其外侧后方具白斑；翅面近端部具波状白色横线，其内侧具一前一后2个白斑，与翅端之间的部分黄褐色；端缘具一列黑点；缘毛灰褐色。后翅半透明，端缘具灰褐色线；缘毛灰色。

寄主：红松、落叶松、云南松、华山松、马尾松、湿地松、火炬松、冷杉、云杉、西伯利亚红松、太平洋银杉、加勒比松、银杉等。

分布：江苏、河南、河北、北京、陕西、浙江、湖北、湖南、广东、广西、贵州、四川、云南、宁夏、青海以及东北地区；日本、捷克、波兰、芬兰、美国、加拿大以及朝鲜半岛等。

雌

5.果梢斑螟 *Dioryctria pryeri* Ragonot, 1893

鉴定特征：体长12～13mm，翅展20～22mm。触角黑褐色线状。头顶被棕褐色粗糙鳞片。前翅长约为宽的2.5倍，红褐色，基部、中部及亚端部具黑白两色波状横纹。后翅灰黑色，外缘颜色加深，缘毛灰褐色。腹部灰褐色。

寄主：杉木、落叶松、云杉、华山松、白皮松、赤松、红松、马尾松、樟子松、油松、火炬松、黄山松、黑松等。

分布：江苏、辽宁、河北、陕西、浙江、湖北、江西、湖南、台湾、广东、四川；日本。

雌

雌

6.豆荚斑螟 *Etiella zinckenella* (Treitschke, 1832)

鉴别特征：体长11～12mm，翅展20～26mm。触角褐色线状。头部灰褐色。胸部黄褐色或淡黄色。腹部各节基部黑褐色，端部黄色；雄虫腹部末端具黄褐色肛毛。前翅底色黄褐色，前缘具一黑褐色纵条带，其下具大型新月形金黄色斑。后翅淡灰褐色，外缘、顶角及翅脉褐色。

寄主：大豆、豌豆、绿豆、豇豆、扁豆、菜豆、刺槐等豆科作物。

分布：江苏、陕西、河南、甘肃、湖北、天津、河北、安徽、福建、山东、湖南、广东、四川、贵州、云南、宁夏、新疆；世界性分布，但目前在英国以及北欧、太平洋的一些岛屿未见报道。

雄　　　　　　　　　雄

雌　　　　　　　　　雌

雌   雌

7.红云翅斑螟 *Oncocera semirubella* (Scopoli, 1763)

鉴别特征：翅展24 ～ 32mm。触角褐色线状。头部及下唇须红色。胸部、腹部褐色。前翅沿前缘有一条白带；后缘具宽黄边，内嵌一小黑点；从基部向翅外缘有一条红色宽带，向端部渐放宽；缘毛桃红色。后翅浅褐色，靠近外缘深褐色。

寄主：山杨。

分布：江苏、北京、黑龙江、吉林、河北、浙江、江西、湖南、广东、云南、安徽、贵州、台湾；日本、印度、英国、保加利亚、匈牙利、朝鲜。

雌   雌

雌

雌

雌

螟蛾亚科 Pyralinae

8.盐肤木黑条螟 *Arippara indicator* Walker, 1864（江苏新纪录种）

鉴别特征：体长10 ～ 12mm，翅展22 ～ 34mm。雄虫触角黄褐色锯齿状，具细毛；雌虫触角黄褐色线状。体背及翅红褐色或灰褐色，腹部末端具灰褐色毛丛。前翅具2条波状横线将翅面划分成3个区域；基区与端区红褐色至深褐色；中区淡黄褐色至淡红褐色，具一黑色肾形斑。后翅暗褐色，具2条波状横线，有些个体翅面端半部颜色稍加深。

寄主：樟树、盐肤木。

分布：江苏（宜兴）、北京、河北、福建、江西、海南、台湾；日本、朝鲜、印度、印度尼西亚以及加里曼丹岛。

雄

9.玫红歧角螟 *Endotricha minialis* (Fabricius, 1794)（江苏新纪录种）

鉴别特征：体长 10mm，翅展 19mm。雄虫触角褐色单栉齿状，柄节膨大；雌虫触角褐色线状。头部黄褐色，胸部褐色至红褐色，腹部褐色。前翅紫红色，沿前缘嵌淡褐色半圆形斑点，有些个体在斑点间具黑色鳞片；翅面中央近缘处具 2 个小黑斑；端缘黑，有时呈黑色断裂横纹。后翅褐色至紫红色，端缘具黑色斑点列。

寄主：不详。

分布：江苏（宜兴）、台湾；日本、印度、斯里兰卡、马来西亚。

雄　　　　　　　　　　　雄

10.榄绿歧角螟 *Endotricha olivacealis* (Bremer, 1864)（江苏新纪录种）

鉴别特征：体长8～10mm，翅展17～23mm。触角红褐色线状；头顶黄白色。腹面淡褐色。前翅基半部紫红色，端半部黄褐色，前缘黑色，有一列黄白色斑点，近端部具一近三角形淡色斑。后翅红褐色，中部前端1/4淡黄色；横线淡黄色、波状、内斜。腹部红褐色。

寄主：各种木本类的枯叶。

分布：江苏（宜兴）、陕西、甘肃、湖北、河南、北京、天津、河北、浙江、安徽、福建、江西、山东、湖南、广东、广西、海南、四川、贵州、云南、西藏、台湾；朝鲜、日本、缅甸、印度尼西亚、印度、尼泊尔、俄罗斯。

雄 　　　　　　　　　　 雄

11.灰巢螟 *Hypsopygia glaucinalis* (Linnaeus, 1758)

鉴别特征：体长8mm，翅展20mm。触角线状，背面黄褐色与黄白色相间。头部淡黄色，胸部灰褐色，腹部灰褐色至黄褐色。前翅灰褐色，前缘中部有一列黄色斑点；基部具淡黄色中部外弯的横线，翅面中央有一不明显的淡褐色斑点；近端部具淡黄色横线，中部略外弯；端缘具黄色线纹。后翅灰色，可见2条黄白色横线黄白色，二者后端靠近；端缘具黄色线纹。

寄主：谷物、干草以及畜牧干饲料等。

分布：江苏、陕西、甘肃、湖北、河南、北京、天津、河北、内蒙古、浙江、福建、江西、山东、湖南、广西、四川、贵州、云南、青海、海南、台湾以及东北地区；朝鲜、日本以及欧洲。

注：又名灰直纹螟。

雌   雌

12.赤巢螟 *Hypsopygia pelasgalis* (Walker, 1859)

鉴别特征：体长13mm，翅展29mm。触角淡红色线状。头部圆形，混杂红黄色鳞片。胸部、腹部背面淡赤色。前翅及后翅都是深红色，各有2条黄色横线。前翅前缘区散布不规则黄色斑点。

寄主：不详。

分布：江苏、浙江、湖北、福建、广东、台湾；朝鲜、日本。

注：又名赤双纹螟。

雄   雄

13.尖须巢螟 *Hypsopygia racilialis* (Walker, 1859)

鉴别特征：体长9～10mm，翅展20～23mm。触角线状，背面白色，腹面黄褐色。头部黄褐色；胸部黄褐色；腹部红褐色，每节后缘淡黄色。前翅红褐色；前缘中部有一列白色斑点，中部前端约1/3处有一枚深褐色斑点，2条黄白色横线将翅面分成三部分，中部近前缘处具一小黑斑。后翅红褐色，散布褐色鳞片，前缘区淡黄褐色，两横线前端分开广，后端相互接近。

寄主：不详。

分布：江苏、陕西、湖北、河南、浙江、福建、江西、广东、台湾。

雌　　　　　　　　　　　　　　　雌

14.褐巢螟 *Hypsopygia regina* (Butler, 1879)

鉴别特征：体长6～8mm，翅展15～20mm。触角褐色线状。体背及前翅紫褐色。前翅近基部具略呈弧形的淡紫色横纹，前缘近端部具一三角形橘黄斑，后接波状紫色横纹，外缘金黄色。后翅前缘淡褐色，其余紫红色，嵌黄色波状纹，外缘黑色。

寄主：紫杉、鱼鳞云杉、绒柏、日本柳杉以及日本马蜂的巢穴。

分布：江苏、浙江、四川、广东、河北、内蒙古、福建、江西、湖北、湖南、河南、广西、海南、贵州、云南、陕西、甘肃、辽宁、台湾；日本、印度、泰国、不丹、斯里兰卡。

雄 雄

雄 雄

雌 雌

15.褐鹦螟 *Loryma recusata* (Walker, 1863)（江苏新纪录种）

鉴别特征：体长10～13mm，翅展19～22mm。触角褐色线状。头部与胸部黄褐色。腹部褐色，各节有白环。前翅有黑斑，翅脉淡白色，翅面中央稍外侧具一黑斑；自顶角稍前向后角前方发出一条白色弧线；翅外缘有一黑线，缘毛白色。后翅白色，有黑色边缘，缘毛白色。

寄主：不详。

分布：江苏（宜兴）、浙江、四川、广东、台湾；印度、不丹、斯里兰卡、印度尼西亚。

雄

雄

雄

16.眯迷螟 *Mimicia pseudolibatrix* (Caradja, 1925) (江苏新纪录种)

鉴别特征：体长13～14mm，翅展26～30mm。触角淡褐色线状。头部淡褐色；胸部褐色，稍带红色；腹部褐色。前翅红褐色，基部1/3处自前缘发出一白色条纹，中间断裂，后端不明显；端部近1/3处具白色外凸的细横线，其外侧具一内凹的白色宽横线，两者构成"X"字形；翅面中央近前缘处具一小黑斑，有些个体这一黑斑不明显；顶角前具一小白斑。后翅灰褐色。

寄主：不详。

分布：江苏（宜兴）、广东、台湾；日本。

雄　　　　　　　　　　雄

雌　　　　　　　　　　雌

17.小直纹螟 *Orthopygia nannodes* (Butler, 1879)（江苏新纪录种）

鉴别特征：体长8mm，翅展20mm。触角淡黄色线状。头淡黄色。下唇须淡黄色、短小、鸟嘴状。胸部、腹部背面淡黄色，腹端尾毛黄色。翅黄褐色，密布黑褐鳞片，横线黄色，前缘有黄色斑；前翅中部前缘有一列白色刻点，基部的横线及外侧横线淡黄色、略弯曲，翅面中央有一明显黑斑。后翅横线淡色、波状。前、后翅缘毛均暗红色。

寄主：红楠。

分布：江苏（宜兴）、湖北、台湾；日本以及朝鲜半岛。

雌　　　　　　　　　　　　　　雌

18.赫双点螟 *Orybina hoenei* Caradja, 1935（江苏新纪录种）

鉴别特征：体长12～19mm，翅展27～33mm。触角暗红色线状。头部暗褐色。胸背、腹背淡红色。前翅深褐色，自前缘向后缘渐变淡，由基部向端部渐变深；翅面中央具前端相隔较远后端相互接近的2条横线，外侧横线前端内侧具一大型黄斑。后翅粉红色，近端缘处具一黑褐色横线。

寄主：柑橘。

分布：江苏（宜兴）、安徽、福建、广东、广西、海南、河北、河南、湖南、江西、云南、浙江。

注：又名黄双点螟。

雄　　　　　　　　　　雄

雄　　　　　　　　　　雄

19.艳双点螟 *Orybina regalis* (Leech, 1889)

鉴别特征：体长11～12mm，翅展24～25mm。触角红褐色线状。头部、体背红色。前翅灰红色，中部外侧具一枚黄色外侧具双峰并衬有黑色边的大斑，具2条波状暗红色横线。后翅前缘部分淡黄色，其余灰暗红色。

寄主：不详。

分布：江苏、浙江、江西、四川、云南、河南、北京、河北、湖北、湖南、贵州、海南；朝鲜、日本。

雄　　　　　　　　　　雄

雄　　　　　　　　　　　　　雄

20.锈纹螟 *Pyralis pictalis* (Curtis, 1834)（江苏新纪录种）

　　鉴别特征：体长6～8mm，翅展15～17mm。触角淡褐色线状。头部、胸部、腹部褐色。前翅具2条白色横线，将翅面划分成基部、中部和端部；基部黑色；中部灰褐色，具一小黑斑；端部深褐色。后翅也具2条白色横线；基部黑色，翅中域淡褐色，外域淡灰色，外缘褐色。

　　寄主：稻谷、小麦、大米、玉米、小米、糠、花生以及中药材、干果、豆类。

　　分布：江苏（宜兴）、广东、广西、四川、台湾；日本。

　　注：又名斑粉螟、东半球谷螟。

雄　　　　　　　　　　　　　雄

雄　　　　　　　　　　　　　　　　雌

雌　　　　　　　　　　　　　　　　雌

21.白缘缨须螟 *Stemmatophora albifimbrialis* (Hampson, 1906)（江苏新纪录种）

鉴别特征：体长9～10mm，翅展20～22mm。触角淡褐色线状。头部褐色；胸部褐色至红褐色；腹部淡红褐色，各节末端白色。前翅淡褐色至紫红色，翅面中央具2条白色横线，其间具一黑点，前缘在两横线间黑白相间。后翅与前翅颜色相近，翅面中央具2条横线，内侧的波状，外侧的较直，两者相互接近。

寄主：不详。

分布：江苏（宜兴）、福建、海南、台湾。

雄

雄

雄

雄

22.朱硕螟 *Toccolosida rubriceps* Walker, 1863

　　鉴别特征：体长 18 ~ 20mm，翅展 37 ~ 47mm。触角褐色线状。头部、胸部及腹部基部数节鲜红色，腹背黑褐色。前翅狭长、黑褐色，自顶角至后缘具一灰白色线纹。后翅鲜黄色，顶角、前缘及臀角黑褐色。两翅缘毛深褐色。

　　寄主：姜。

　　分布：江苏、浙江、江西、湖北、湖南、福建、广东、四川、云南、台湾；印度、不丹、印度尼西亚。

雌 雌

雌 雌

雄

23.黄头长须短颚螟 *Trebania flavifrontalis* (Leech, 1889)

鉴别特征：体长13mm，翅展35mm。触角线状，背面灰白色，腹面淡褐色。头部橙黄色。胸部、腹部深褐色。前翅暗褐色，翅脉间密被黑色鳞片；缘毛深褐色。后翅和缘毛淡褐色。

寄主：不详。

分布：江苏、河南、上海、浙江、福建、江西、湖南、湖北、广东、海南、台湾；朝鲜、日本、印度。

注：又名黄头长须螟。

雄

雄

网蛾总科 Thyridoidea

网蛾科 Thyrididae

剑网蛾亚科 Siculodinae

1.金盏拱肩网蛾 *Camptochilus sinuosus* Warren, 1896

鉴别特征：体长8～9mm，翅展18～29mm。触角齿状，黄褐色至灰褐色。头部黄褐色。体褐色。前翅前缘近肩部弯曲，翅中部近前缘具一三角形黄褐色斑，翅基部褐色，并具4条弧线，翅中部近后缘处具褐色晕斑，上有若干网纹。后翅靠翅基部褐色，具金黄色花蕊形斑纹，近端半部金黄色，翅反面颜色及斑纹与正面相同。

寄主：榛、核桃、石榴以及伞形花科、山萝卜属。

分布：江苏、陕西、甘肃、湖北、福建、江西、湖南、广西、海南、四川、台湾；日本、印度。

注：又名金盏网蛾。

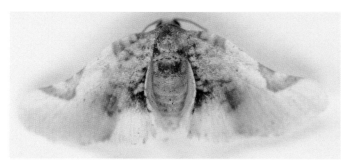

雄

雄

雌

雌

2.姬绢网蛾 *Herdonia acaresa* Chu et Wang, 1992（江苏新纪录种）

鉴别特征：体长15mm，翅展36mm。触角黄褐色单栉齿状。头部褐色。体乳黄色。前翅顶角镰形，前缘有褐色斑，近后缘色微黄，翅中部区域具银灰色横条，其下方具不规则网纹，臀角内侧有白色斑，斑纹向上延伸成不规则的带。后翅底色白色，近基部具倒"Y"字形横线，翅中部具2条后端分开的棕褐色横线，近外缘具2条棕褐色横线。前、后翅反面颜色与正面相同，斑纹明显。

寄主：不详。

分布：江苏（宜兴）、江西。

 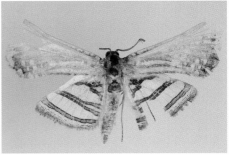

雄 　　　　　　　　　　　　　　雄

3.直线网蛾 *Rhodoneura erecta* (Leech, 1889)（江苏新纪录种）

鉴别特征：体长6～7mm，翅展15～19mm。触角黄褐色线状，各节有枯黄色环。头部棕褐色。体背面棕褐色。腹面枯黄色。前翅及后翅淡褐色，网纹褐色，翅中部具分叉横线，近翅基处横线较直，翅顶角具"人"字形棕色纹，近臀角处有一斜线。后翅翅中部具较粗横线，其内侧具2条弧形纹，顶角也具弧形纹。

寄主：栎、核桃、楸。

分布：江苏（宜兴）、陕西、江西、广西、四川、云南；日本。

雌 　　　　　　　　　　　　　　雌

雌

4.虹丝网蛾 *Rhodoneura erubrescens* Warren, 1908（江苏新纪录种）

鉴别特征：体长10～11mm，翅展27～28mm。头部触角灰褐色线状，雄虫触角较粗，雌虫较细。头部灰褐色，胸部深褐色，腹部淡褐色。前翅淡褐色，前缘黑色，翅面具细而弯曲的深褐色线，与翅脉交织成网纹。后翅淡褐色，具弯曲而稍粗深褐色线，并与翅脉交织成网纹。

寄主：不详。

分布：江苏（宜兴）、广东；印度、缅甸、泰国。

雄

雄

雌

雌

5.亥黑线网蛾 *Rhodoneura hyphaema* (West, 1932)（中国新纪录种）

鉴别特征：体长 7 ～ 10mm，翅展 19 ～ 23mm。触角黄褐色线状。头部黄褐色，胸部灰褐色，腹部黄褐色。前翅黄褐色，前缘细碎黑色小条纹；翅面中央偏外侧具一深褐色宽横带，横带与翅基之间具数条弯曲黑线；横带前端弱化，仅有 2 条边线伸达前缘；横带外侧与翅顶角之间具褐色斜带，以波状线纹与之相连，两条纹之间具黑色线组成的网纹。后翅中央具深褐色宽横带，其与翅基之间颜色较横带淡，具数条弯曲的深褐色线；横带与翅端缘之间黄褐色，具深褐色线组成的网纹。

寄主：青冈、乌冈栎。

分布：江苏（宜兴）；日本。

注：中文名新拟。

雌

雌

雌

雌

雄

6. 大斜线网蛾 *Striglina cancellata* (Christoph, 1881)（江苏新纪录种）

鉴别特征：体长8mm，翅展19～33mm。触角黄褐色线状。体枯黄色。前翅具斜纹，其分叉直达臀角，翅面中央近前缘处具一灰色线纹。后翅也具斜纹，其外侧具一弧形纹。翅反面线纹与正面一致。

寄主：板栗。

分布：江苏（宜兴）、福建、海南、湖南、广东、江西、辽宁、云南；日本以及俄罗斯东南部、朝鲜半岛。

注：又名栗斜线网蛾。

雌

雌

7.铃木线网蛾 *Striglina suzukii* Matsumura, 1921（江苏新纪录种）

鉴别特征：体长7～9mm，翅展18～24mm。触角黄褐色线状，雄虫触角较粗，雌虫触角较细。头顶及翅面均棕黄色。翅底色为淡黄色至棕黄色，前翅前缘和后翅后缘颜色稍深，前、后翅近外缘处具由不连续灰黑色小点组成的横线纹，其他线纹不甚明显，前翅翅面具3个呈"品"字形排列的黑斑，靠外缘的一个较小。后翅翅面具7～8个不规则排列的小黑斑，近翅后缘中部的黑斑较大。

寄主：茶。

分布：江苏（宜兴）、湖南、台湾以及华南地区；日本。

注：又名褐带斜线网蛾、四川斜线网蛾、铃木窗蛾。

雄　　　　　　　　　　　　　雄

雌　　　　　　　　　　　　　雌

雌

雌

雌

雌

谷蛾总科 Tineoidea

谷蛾科 Tineidae

谷蛾亚科 Tineinae

梯斑谷蛾 *Monopis monachella* (Hübner, 1796)（江苏新纪录种）

　　鉴别特征：体长7mm，翅展16mm。触角线状，自基部约2/3为黑褐色，剩余1/3为黄褐色。头部白色，胸部白色，腹部黄褐色。前翅黑色，前缘中部至顶角之前具大致呈梯形的大型白斑。后翅灰褐色。

　　寄主：不详。

　　分布：江苏（宜兴）、陕西、甘肃、湖北、河南、北京、天津、河北、黑龙江、浙江、安徽、山东、湖南、广东、广西、海南、四川、贵州、云南、西藏、新疆、台湾；夏威夷、日本、印度以及东南亚、欧洲、非洲、美洲。

　　注：又名梯纹白斑衣蛾、鸟谷蛾。

雄

卷蛾总科 Tortricoidea

卷蛾科 Tortricidae

卷蛾亚科 Tortricinae

1.白褐长翅卷蛾 *Acleris japonica* (Walsingham, 1900)（江苏新纪录种）

鉴别特征：体长5～6mm，翅展13～15mm。触角灰褐色线状。头顶白色。胸部白色。腹部背面灰褐色，腹面浅黄褐色。前翅前缘基半部强烈隆起，中央偏外侧稍凹入，顶角钝圆，外缘略倾斜，臀角宽圆；前翅底色白色，翅基半部具少许灰褐色鳞片，后缘近基部有一个小黑褐色斑；翅端半部黄褐色，散布锈褐色鳞片，形成大斑纹，并从前缘中部之后斜伸到臀角之前，顶角处有2个黑褐色鳞片簇；缘毛黄褐色。后翅底色灰暗，缘毛同底色。

寄主：麻栎、榉树。

分布：江苏（宜兴）、北京、天津、河南、陕西、甘肃、台湾；韩国、日本、俄罗斯。

雄　　　　　　　　　　　　雄

2.奥黄卷蛾 *Archips audax* Razowski, 1977（江苏新纪录种）

鉴别特征：体长11～15mm，翅展17～33mm。触角暗褐色线状。头部深褐色至黑褐色。胸部褐色至黑褐色。腹部黄褐色至深褐色，雄虫腹末具簇毛。前翅黄褐色至棕褐色；前缘波状，具明显的顶角，且雌虫顶角较雄虫长。雄虫前缘基半部黄褐色，后方具黑色鳞片组成的不规则断续条纹；端半部前缘具近三角形深褐色纵斑，其外侧及外侧下方具近三角形黑斑，后方具倾斜的宽褐色条纹。雌虫前翅色稍淡，深色斑纹不如雄虫明显，但翅面具多条弯曲横线，与翅脉构成网格状。雌、雄虫后翅黄褐色，顶角处具黄色区域。

寄主：及己、蕺菜以及木兰科、蔷薇科、桦木科、无患子科、芸香科、松科。

分布：江苏（宜兴）、台湾；日本。

注：中文名新拟。

雄　　　　　　　　　　雄

雄　　　　　　　　　　雄

雌　　　　　　　　　　雌

雌   雌

3.苹黄卷蛾 *Archips ingentana* (Christoph, 1881)

鉴别特征：体长9～12mm，展翅18～25mm。触角黄褐色线状。体淡黄色至黄褐色。头部黄褐色。胸部黄褐色。腹部黄褐色，有时深褐色。前翅顶角稍突出，顶角下外缘稍内凹；基部后方具一近方形黑褐色斑，翅中部具一后方外斜的深褐色宽中带，前缘于顶角之前具一近三角形深褐色斑，其后具数条深褐色线纹。后翅黄褐色，近顶角的区域黄色。

寄主：苹果、梨、栎、水曲柳、桦、槭以及绣球属等多种树木或草本植物。

分布：江苏、北京、黑龙江；日本、朝鲜、俄罗斯。

雄   雄

4.茶长卷叶蛾 *Homona magnanima* Diakonoff, 1948

鉴别特征：体长9mm，翅展22mm。触角黄褐色线状。体黄褐色至灰褐色。头部黄褐色至黑褐色，胸部黄褐色至深褐色，腹部深褐色。雄虫前翅褐色，基部具红褐色斑，中部前缘具黑色矩形斜纹，其后方具大型不规则红褐色斑；前缘于顶角前具深褐色斑；翅面具深褐色横纹。雌虫前翅黄褐色，无雄虫前翅深褐色斑，具断续深褐色横线，与翅脉构成网纹。雌、雄虫后翅黄褐色至暗褐色，近顶角处为黄色。

寄主：茶、山茶、蔷薇、梨、苹果、桃、樱、落叶松、冷杉、紫杉、大豆、紫藤、卫矛、牡丹、石榴、樟、柿、胡桃、柑橘、女贞、栎、椴等。

分布：我国南方地区；日本。

雄

5.细圆卷蛾 *Neocalyptis liratana* (Christoph, 1881)

鉴别特征：体长7～9mm，翅展14～20mm。触角黄褐色线状。体褐色。头部褐色，胸部黄褐色，腹部黑褐色。前翅前缘近基部1/3处隆起，其后平直；褐色至黄褐色，具2个黑色斑。后翅淡褐色。

寄主：双子叶植物的枯枝落叶。

分布：江苏（宜兴）、陕西、甘肃、河南、天津、河北、黑龙江、浙江、安徽、福建、江西、湖南、四川、云南、青海、台湾；韩国、日本以及俄罗斯远东地区。

雌 雌

6.长瓣圆卷蛾 *Neocalyptis taiwana* Razowski, 2000（江苏新纪录种）

鉴别特征：体长6～7mm，翅展14～16mm。触角黄褐色线状。体黄褐色。头部黄褐色；胸部黄褐色；腹部背面暗褐色，腹面黄白色。前翅黄褐色，近长方形，基部弯曲；顶角尖，略突出；前缘中央有一近方形黑斑，顶角前具伸达后角的三角形黑斑。后翅淡褐色。

寄主：不详。

分布：江苏（宜兴）、陕西、台湾。

雄

小卷蛾亚科 Olethreutinae

7.麻小食心虫 *Grapholita delineana* Walker, 1863（江苏新纪录种）

鉴别特征：体长5mm，翅展13mm。触角灰褐色线状。体深褐色。头部灰褐色；胸部背面灰黑色，腹面灰褐色；腹部深褐色。前翅基部1/3灰褐色，端部2/3黑褐色；前缘微突；顶角钝；沿前缘具短褐色斜状纹，翅中部具4条黄色弯曲条纹伸达后缘中部。后翅暗褐色，基部色稍淡。

寄主：不详。

分布：江苏（宜兴）、陕西、甘肃、河南、湖北、北京、天津、河北、黑龙江、浙江、安徽、福建、江西、四川；摩尔多瓦、乌克兰以及欧洲中南部、外高加索、大西洋海岸到太平洋海岸、沿阿穆尔河地区和沿海边区。

雄

8.日月潭广翅小卷蛾 *Hedya sunmoonlakensis* Kawabe, 1993（江苏新纪录种）

鉴别特征：体长9～10mm，翅展18～24mm。触角褐色线状。体黑褐色。头部深褐色；胸部深褐色；腹部背面浅黄褐色，腹面浅黄色。前翅近长方形，浅褐色或褐色，基部2/3黑褐色，散布黑色斑；端部1/3白色，周围散布灰褐色斑；近顶角处散布黑色短棒状纹。后翅棕褐色，前缘白色。

寄主：不详。

分布：江苏（宜兴）、陕西、河南、浙江、安徽、福建、湖南、辽宁、台湾。

雌 雌

9.落叶松花翅小卷蛾 *Lobesia virulenta* Bae et Komai, 1991（江苏新纪录种）

鉴别特征：体长 7 ~ 8mm，翅展 12 ~ 19mm。体深褐色。触角黄褐色线状。头部黄褐色；胸部深褐色，胸部腹面白色；腹部深褐色。前翅窄，略呈三角形；前缘直，褐色；翅面隐约可见 2 条淡褐色横线，将翅面划分成 3 个部分：基部 1/3 前缘具深褐色斑，后缘附近具边缘不清晰的灰褐色至黑褐色斑；中部 1/3 前端隐约可见"Y"字形黑斑，该斑有时会断裂；端部 1/3 具深褐色瓶形斑，有的个体该斑红褐色；顶角处黑。后翅灰褐色。

寄主：日本落叶松以及蔷薇科。

分布：江苏（宜兴）、甘肃、河南、黑龙江、上海、浙江、安徽、福建、湖南、四川、贵州、台湾；韩国、日本。

雄 雄

10. 苦楝小卷蛾 *Loboschiza koenigiana* (Fabricius, 1775)

　　鉴别特征：体长6～8mm，翅展12～14mm。触角线状，基部黄褐色，向端部渐变为黑褐色。体黄褐色。头部黄色。胸部黄色至红褐色。腹部暗褐色。前翅基部2/3淡灰黄色，散布不规则橘黄色点条状斑纹；端部1/3黑褐色，嵌橘黄色点条状不规则斑。后翅灰褐色。

　　寄主：苦楝。

　　分布：台湾以及华东地区、华中地区；日本、印度以及大洋洲等。

雄　　　　　　　　　　　雄

雌　　　　　　　　　　　雌

11. 精细小卷蛾 *Psilacantha pryeri* (Walsingham, 1900)（江苏新纪录种）

　　鉴别特征：体长11～12mm，翅展17～20mm。触角深褐色线状。头部深褐色。胸部褐色，杂深褐色鳞片；胸部腹面白色。腹部背面深褐色，腹面浅灰色。前翅略呈方形，端部圆钝；前缘具黑白相间的短条纹；基部2/3黄褐色，间黑色不规则条纹，并具白色鳞片组成的断续横带；端部1/3黄褐色，散布纵向的黑色条纹，被灰褐色环纹所包围。后翅褐色，前缘近白色。

寄主：不详。

分布：江苏（宜兴）、河南、陕西、湖北、浙江、安徽、福建、江西、湖南、贵州；日本、印度、斯里兰卡以及朝鲜半岛。

雄　　　　　　　　　雄

雌　　　　　　　　　雌

雌　　　　　　　　　雌

巢蛾总科 Yponomeutoidea

雕蛾科 Glyphipterigidae

雕蛾亚科 Glyphipteriginae

条斑雕蛾 *Glyphipterix gamma* Moriuti et Saito, 1964（江苏新纪录种）

鉴别特征：体长4mm，翅展11mm。触角褐色线状。体暗褐色。头部暗褐色，胸部褐色，腹部深褐色。前翅深褐色，顶角后方具一缺刻；前缘端半部具放射状白色条纹，后接不规则椭圆形斑；翅面中央具一顿号形黄色斑，伸达后缘中部；近顶角处黑色。后翅细长，褐色。

寄主：不详。

分布：江苏（宜兴）、浙江、福建、贵州、湖南、江西；日本。

雌

斑蛾总科 Zygaenoidea

刺蛾科 Limacodidae

刺蛾亚科 Limacodinae

1.背刺蛾 *Belippa horrida* Walker, 1865

鉴别特征：体长18mm，翅展31mm。触角黄褐色；雄虫触角基部单栉齿状，端部锯齿状；雌虫触角线状。头部黑色杂褐色。体黑褐色，体背具黄褐色毛刺状横纹。前翅灰褐色；横脉纹新月形，灰白色；外缘有灰白色斑；顶角具黑斑，杂白色。后翅灰黑色。

寄主：苹果、梨、桃、葡萄、蔷薇、茶、蓖麻、刺槐、臭椿、麻栎、枫杨、大叶胡枝子等。

分布：江苏、四川、山东、湖南、云南、浙江、福建、广西、江西、陕西、湖北、河南、黑龙江、台湾；日本、尼泊尔。

注：又名鬼脸刺蛾、胶刺蛾、蓖麻刺蛾。

雄　　　　　　　　　　雄

2.长腹凯刺蛾 *Caissa longisaccula* Wu et Fang, 2008（江苏新纪录种）

鉴别特征：体长10～11mm，翅展20～22mm。触角线状，黄褐色至褐色。头部赭灰色，下唇须伸达头顶，头顶可见毛脊。胸部棕灰色，中央散布棕黄色；领片色浓，灰黄色，后缘褐色。腹部灰白色和赭褐色相间，散布橙黄色。前翅棕灰色，基线棕黑色，隐约可见；前缘从中线至基线棕黄色，具细小黑褐色斑点；中线黑色，模糊条带状，内衬橙黄色；外线与中线平行，黑色，较中线粗壮，外侧衬橙黄色；亚端线灰白色，模糊，有些个体较明显；端线黑色；顶角斑灰白色，杂黑色。后翅赭灰色，散布浓密褐色；臀角区外缘和缘毛杂黑色。

　　寄主：茶、柞树、榛。

　　分布：江苏（宜兴）、山东、辽宁、北京、河南、浙江、安徽、福建、湖北、湖南、广西、四川、贵州。

雄　　　　　　　　　　　　雄

雌　　　　　　　　　　　　雌

3.客刺蛾 *Ceratonema retractata* (Walker, 1865)

　　鉴别特征：体长10～11mm，翅展20～23mm。触角黄褐色线状。体赭色。前翅赭黄色至黄白色，有3条暗褐色横线，中线内斜，从前缘中央稍后伸至后缘中央；外线外斜，微波浪形，达外缘；另一暗褐色线从后缘近臀角处延伸至外线，有时不明显。后翅浅黄色，靠近臀角有一赭色纵纹。

寄主：枫杨、茶。

分布：江苏、河南、湖北、陕西、甘肃、黑龙江、江西、山东、湖南、云南、西藏、青海；印度、尼泊尔。

雄　　　　　　　　　　雄

雌　　　　　　　　　　雌

4.艳刺蛾 *Demonarosa rufotessellata* (Moore, 1879)

鉴别特征：体长12mm，翅展25mm。触角灰褐色；雄虫触角自基部约1/3段为栉齿状，其余为线状；雌虫触角线状。头部、胸部背面浅黄色，胸部背面具黄褐色横纹；腹部橘红色，具浅黄色横纹。前翅褐赭色，被一些浅黄色纹路分割成许多条带状或小斑块，后缘、外缘及前缘外半部较明显；横脉纹为一红褐色圆点；亚端线褐色，不清晰，从前缘3/4处向后拱形弯曲延伸至近臀角处；端线由一列褐红色点组成。后翅橘红色。

寄主：枫香等。

分布：江苏、河南、浙江、安徽、福建、江西、山东、湖南、广东、广西、海南、四川、云南、台湾；日本、印度、缅甸。

雄　　　　　　　　　　　　　　雄

5.长须刺蛾 *Hyphorma minax* Walker, 1865（江苏新纪录种）

鉴别特征：体长 13 ～ 16mm，翅展 26 ～ 31mm。触角黄褐色；雄虫自基部约1/2段为双栉齿状，其余为线状；雌虫自基部约1/3段为双栉齿状，其余为线状。下唇须长，举过头顶，暗红褐色。胸部背面和腹部背面基毛簇红褐色。前翅茶褐色，具丝质光泽，有2条暗褐色条纹，在顶角处几乎从同一点伸出，其中一条斜伸至中室下角，另一条伸达臀角，有时不明显。后翅茶褐色，较前翅颜色浅。

寄主：枫香、油桐、茶、油茶、樱花、麻栎、柿等。

分布：江苏（宜兴）、浙江、福建、甘肃、湖北、江西、河南、湖南、广东、广西、四川、贵州、云南、海南以及华北地区；印度、尼泊尔、越南、印度尼西亚。

雄　　　　　　　　　　　　　　雄

雌　　　　　　　　　　雌

6.黄刺蛾 *Monema flavescens* Walker, 1855

　　鉴别特征：体长12～14mm，翅展28～32mm。触角黄褐色线状。头部、胸部背面黄色。腹部背面黄褐色。前翅基半部黄色，端半部黄褐色，有2条暗褐色斜线，在顶角处汇合于一点，呈倒"V"字形，内侧斜线伸达中室下角，成为两部分颜色的分界线；外侧斜线稍弯曲，由顶角延伸至后缘近臀角处；横脉纹为一黄褐色圆点；中室中央下方有时有一模糊或明显的暗点。后翅黄色或赭褐色。

　　寄主：苹果、梨、桃、杏、李、樱桃、山楂、柿、枣、栗、枇杷、石榴、柑橘、核桃、杧果、醋栗、杨梅等果树，以及杨、柳、榆、枫、榛、梧桐、油桐、乌桕、楝、桑、茶等。

　　分布：除新疆、西藏目前尚无记录外，几乎遍布全国；日本、俄罗斯以及朝鲜半岛。

　　注：又名茶树黄刺蛾。

雌　　　　　　　　　　雌

雌

雌

雄

7.两色绿刺蛾 *Parasa bicolor* (Walker, 1855)

鉴别特征：体长12～13mm，翅展27～28mm。触角黄褐色，雄虫触角双栉齿状，末端2/5为线状；雌虫触角线状。头顶绿色，复眼黑色，下唇须棕黄色。胸部背面绿色，腹面棕黄色。前翅绿色，翅面近基部3/4处中央、靠近后缘近基部1/2处有2个较大斑点；亚端线可见4～6个小斑点；缘毛黄褐色。后翅棕黄色。

寄主：毛竹、石竹、木竹、斑竹、篱竹、苦竹、唐竹、撑篱竹、茶。

分布：江苏、上海、浙江、陕西、河南、湖北、湖南、广西、广东、江西、福建、四川、贵州、重庆、云南、台湾等；缅甸、印度、泰国、老挝、越南。

雄　　　　　　　　　　雄

雄　　　　　　　　　　雄

8.丽绿刺蛾 *Parasa lepida* (Cramer, 1779)

鉴别特征：体长 12 ～ 17mm，翅展 28 ～ 41mm。触角褐色，雄虫触角双栉齿状，末端约 3/5 为线状；雌虫触角线状。头顶和胸部背面绿色，中央有一褐色纵纹向后延伸至腹部；腹部背面黄褐色。前翅绿色，基斑深褐色尖刀形；外缘具深棕色宽带，从前缘向后渐宽，其内缘弧形外曲，深褐色。后翅内半部黄色略带褐色，外半部褐色渐明显。

寄主：茶、油茶、桑、苹果、梨、柿、杧果、核桃、咖啡、石榴、木棉、香樟、悬铃木、红叶李、桂花、枫杨、乌桕、油桐等。

分布：江苏、河北、浙江、江西、四川、贵州、云南；越南、柬埔寨、老挝、泰国、印度、斯里兰卡、印度尼西亚、日本、巴布亚新几内亚等。

雄 雄

雄 雄

雌 雌

9.迹斑绿刺蛾 *Parasa pastoralis* Butler, 1885

鉴别特征：体长14～17mm，翅展35～43mm。雄虫触角褐色双栉齿状，雌虫触角褐色线状。复眼黑色。头部、胸部背面翠绿色。前翅翠绿色，基斑浅黄色，紧贴基斑外侧有一油迹状红褐色斑块伸达翅中央；前翅外缘具较宽的黄色带，布满红褐色雾点，似成一带，带内缘及翅脉红褐色。后翅浅褐色，外缘边深褐色。

寄主：鸡爪槭、紫荆、七叶树、樱花、香樟、重阳木等。

分布：江苏、吉林、浙江、四川、云南、贵州、湖南、广西、广东、香港、台湾；缅甸、泰国、老挝、越南、印度、不丹、尼泊尔、巴基斯坦、印度尼西亚。

雌　　　　　　　　　　雌

10.枣奕刺蛾 *Phlossa conjuncta* (Walker, 1855)

鉴别特征：体长12mm，翅展28mm。触角褐色；雄虫触角短栉齿状；雌虫触角线状。头部小，复眼灰褐色。体褐色。胸部背面前部鳞毛稍长，中间略显褐红色，两边为褐色。腹部背面各节有褐红色"人"字纹。前翅基部2/5有褐色斑，其外边直；中部灰褐色；横脉纹为一黑色斑点；近外缘处有2块近似菱形的斑纹彼此连接，靠前缘一块为褐色，靠后缘一块为红褐色。后翅灰褐色。

寄主：枣、柿、核桃、苹果、梨、杏、杧果、樱桃、桃、油桐、茶。

分布：江苏、北京、黑龙江、辽宁、河南、河北、山东、浙江、安徽、陕西、甘肃、江西、湖南、湖北、四川、广西、福建、贵州、云南、西藏、海南、台湾；朝鲜、日本、越南、印度、泰国。

雄

11.角齿刺蛾 *Rhamnosa angulata kwangtungensis* Hering, 1931（江苏新纪录种）

鉴别特征：体长15mm，翅展30mm。触角褐黄色；雄虫触角栉齿状到末端；雌虫触角线状。头部、颈板赭黄色。胸部背面灰褐色。前翅褐黄色，在前缘基部近2/3处和3/4处发出暗褐色2条内斜线，分别伸达后缘的1/3处和2/3处，外侧的一条与外缘相平行。后翅淡黄色，臀角暗褐色。

寄主：茶、柑橘、樟、榆等。

分布：江苏（宜兴）、山东、浙江、江西、福建、广东、四川、广西、湖北、湖南、陕西、甘肃；朝鲜半岛。

雄　　　　　　　　　　雄

雌　　　　　　　　　　雌

12.锯齿刺蛾 *Rhamnosa dentifera* (Hering et Hopp, 1927)（江苏新纪录种）

鉴别特征：体长12mm，翅展27mm。触角灰褐色；雄虫触角栉齿状；雌虫触角线状。体灰褐色，胸部背面竖立毛簇，末端暗红褐色。前翅灰褐色，具丝质光泽，中部有

2条平行的暗褐色横线，分别从前缘中部偏外和近顶角处延伸至后缘1/3处及齿形毛簇外缘。后翅颜色较暗，臀角暗褐色。

寄主：板栗等。

分布：江苏（宜兴）、河南、浙江、山东、湖北、陕西、甘肃。

雌

13.纵带球须刺蛾 *Scopelodes contracta* Walker, 1855

鉴别特征：体长18～20mm，翅展35～45mm。触角灰褐色；雄虫触角栉齿状，雌虫触角线状。头顶暗褐色，下唇须高举过头顶，浅褐色，末端毛簇黑色。胸部背面暗褐色。腹部黄褐色，中央具黑色斑，连成一列。前翅暗褐色，有一黑色纵带。后翅黑褐色。

寄主：柿、樱花、板栗、八宝树、油人面果、大叶紫薇、三球悬铃木、枫香等。

分布：江苏、辽宁、北京、河北、甘肃、陕西、河南、浙江、江西、四川、湖北、广西、广东、云南、湖南、山东、海南、台湾；日本、印度。

注：又名小星刺蛾、黑刺蛾。

雄　　　　　　　　雄

雌　　　　　　　　　　　　　雌

雌

14.桑褐刺蛾 *Setora postornata* (Hampson, 1900)

鉴别特征：体长15～18mm，翅展30～40mm。触角褐色；雄虫触角基部长、双栉齿状；雌虫触角线状。体褐色至深褐色，雌虫体色较浅，雄虫体色较深。前足腿节末端有白斑。复眼黑色。前翅灰褐色至粉褐色，杂深褐色雾点；中线深褐色，从前缘近基部2/3处延伸至后缘1/3处，内衬浅色影带；外线较垂直，外衬铜斑不清晰，仅在臀角呈近梯形状。后翅灰褐色。

寄主：梨、桃、柑橘、柿、栗、桑、茶香樟、苦楝、木荷、麻栎、杜仲、七叶树、乌桕、喜树、悬铃木、杨、核桃、梅、垂柳、重阳木、无患子、枫杨、银杏、枣、板栗、樱桃、冬青等树木以及蜡梅、海棠、紫薇、玉兰、樱花、红叶李、月季等花卉。

分布：江苏、浙江、陕西、江西、福建、广东、广西、湖南、湖北、四川、云南、甘肃、北京、山东、河南、台湾；印度、尼泊尔。

注：幼虫俗称活辣子、七辣子等，体表有毒毛，黏于身上时有疼痛感，且奇痒难忍。

雄　　　　　　　　雄

雌　　　　　　　　雌

雌　　　　　　　　雌

15.素刺蛾 *Susica pallida* Walker, 1855

鉴别特征：体长15～16mm，翅展29～34mm。触角黄褐色；雄虫触角长、双栉齿状，分枝几乎到端部，然后栉齿突然变短；雌虫触角线状。头部、胸部背面黄白色带褐色；腹部黄褐色。前翅黄褐色，具丝质光泽，外线从前缘约3/4处向内斜伸至后缘基部1/3处，其外侧靠前缘1/3处有一黑点，内侧靠近翅基部有一白色纵纹；亚端线从前缘近顶角处向后伸至外缘近臀角处。后翅暗褐色。

寄主：梨。

分布：江苏、浙江、江西、福建、台湾、广东、广西、四川、云南；缅甸、尼泊尔、印度。

雄　　　　　　　　　　雄

16.中国扁刺蛾 *Thosea sinensis* (Walker, 1855)

鉴别特征：体长10～18mm，翅展25～35mm。触角黄褐色；雄虫触角短、双栉齿状，分枝几乎到端部；雌虫触角线状。体灰褐色，腹面及足颜色更深。前翅灰褐色至浅灰色，布满褐色雾点，外线为暗褐色斜纹；横脉纹为一黑色小圆点，有时不明显。后翅暗灰褐色。

寄主：杧果、枣、核桃、柿、苹果、梨、桃、李、茶、桑、麻、梧桐、枫杨、枫香、白杨、泡桐、乌桕、桂花、苦楝、香樟等。

分布：江苏、浙江、湖北、河南、河北、陕西、甘肃、山东、北京、安徽、四川、云南、贵州、湖南、广东、广西、江西、辽宁、福建、海南、香港、台湾；朝鲜、日本、菲律宾、韩国、越南、柬埔寨、老挝、缅甸、印度、泰国、马来西亚、印度尼西亚等。

注：又名黑点刺蛾、扁刺蛾。

雄　　　　　　　　　　雄

雄　　　　　　　　　　雄

斑蛾科 Zygaenidae

锦斑蛾亚科 Chalcosiinae

1.莱小斑蛾 *Arbudas leno* (Swinhoe, 1900)（江苏新纪录种）

　　鉴别特征：体长10～11mm，翅展23～26mm。触角黑色双栉齿状。体黑褐色。头顶和颈呈赤色。雄虫胸部、腹部两侧及腹面呈黄色。翅黑褐色，前翅约在前缘的3/5处有一条宽约1.5mm的黄色斜纹伸至臀角；雄虫后翅的前缘和顶角呈黄色。

　　寄主：不详。

　　分布：江苏（宜兴）、台湾；印度、尼泊尔、越南。

雄

雄

雄

雄

2.茶柄脉锦斑蛾 *Eterusia aedea sinica* (Ménétriés, 1857)

鉴别特征：体长15～18mm，翅展57～63mm。雄虫触角黑色单栉齿状，栉齿较长，且基部到端部基本等长；雌虫触角蓝黑色单栉齿状，栉齿较短，仅端部一小部分较长。头部、胸部黑色。腹部背面第1、2节蓝绿色，其他黄色，腹面绿黑色，各节后缘白色。前翅蓝黑色，基部有白色小斑，1/3处有白色宽横带，中室端部、前缘近顶角、近外缘有白色斑，白色斑内翅脉黑色。后翅基部黑色略带蓝色；中部黄色或白色（白色型）宽域；外缘蓝黑色，有一排黄白色的斑纹。

寄主：茶、油茶等。

分布：华东地区、华中地区、华南地区北部、西南地区北部。

雄　　　　　雄

雄　　　　　雄　　　　　雌

雌

3. 重阳木帆锦斑蛾 *Histia rhodope* (Cramer, 1775)

鉴别特征：体长 15 ～ 16mm，翅展 62mm。雄虫触角黑色双栉齿状。头部红色，有黑斑。中胸背面黑褐色，前端红色，近后端处有 2 个红色斑纹连成"U"字形。腹部红色，有黑斑 5 列，由前向后渐小。前翅黑色反面翅基有蓝光，翅反面基斑红色。后翅也呈黑色，从翅基至翅端部 3/5 处呈蓝绿色，有燕尾形突出，翅反面基斑红色。

寄主：重阳木。

分布：江苏、福建、湖北、云南、广西、广东、台湾；印度、缅甸、印度尼西亚、日本。

雄

雄

雄　　　　　　　　　　雄

4.萱草带锦斑蛾 *Pidorus gemina* (Walker, 1854)（江苏新纪录种）

鉴别特征：体长12mm，翅展26mm。触角黑色双栉齿状。头部、颈赤色。全身呈黑褐色。前翅前缘近3/5处有一条宽约3.5mm的淡黄色条带，斜伸至臀角。

寄主：萱草。

分布：江苏（宜兴）、广东、云南；印度。

雄　　　　　　　　　　雄

雄　　　　　　　　　　雄

5.桧带斑蛾 *Pidorus glaucopis* (Drury, 1773)（江苏新纪录种）

鉴别特征：体长16mm，翅展45～47mm。雄虫触角黑色双栉齿状。头部、颈赤色。全身呈黑褐色。前翅前缘近3/5处有一条宽约3.5mm的白色条带（中部稍变窄），斜伸至臀角。

寄主：桧柏、杨桐。

分布：江苏（宜兴）、广西、云南、台湾；朝鲜、日本。

注：又名野茶带锦斑蛾、野茶斑蛾。

雄　　　　　　　　　　雄

雄　　　　　　　　　　雄

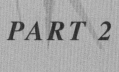

PART 2

蝶 类

凤蝶总科 Papilionoidea

弄蝶科 Hesperiidae

竖翅弄蝶亚科 Coeliadinae

1.绿弄蝶 *Choaspes benjaminii* (Guérin-Méneville, 1843)（江苏新纪录种）

鉴别特征：体长22 ~ 23mm，翅展48 ~ 54mm。触角黑褐色棒状，棒端尖细。前翅和后翅黑褐色，具青绿色光泽，后翅臀角处有一橙红色斑，外缘中部至臀角具长、橙红色缘毛。雌虫后翅基半部有青绿色鳞毛。前、后翅反面翅脉黑色，十分明显，前翅后缘淡灰色，后翅臀角有一大橙红色斑，其中嵌有黑斑。

寄主：清风藤科泡花树属植物。

分布：江苏（宜兴）、陕西、河南、浙江、湖北、江西、福建、广东、广西、四川、云南、海南、香港、台湾；日本、越南、缅甸、泰国、尼泊尔、马来西亚、印度尼西亚、印度、菲律宾、斯里兰卡。

注：又名黄颜弄蝶、大绿弄蝶。

雄正　　　　　　　　　　雄反

雌正　　　　　　　　　　雌反

弄蝶亚科 Hesperiinae

2.直纹稻弄蝶 *Parnara guttatus* (Bremer et Grey, 1853)

鉴别特征：体长17mm，翅展41mm。触角黑褐色棒状，棒端黄褐色，尖细。头部、胸部粗壮，背面黑褐色，被褐色绒毛，腹面苍黄色，被苍白色绒毛。前、后翅黑褐色，近基部略带绿色，具金属光泽。前翅具7～8个半透明白斑，呈半环状排列。后翅中央具4个半透明白斑，依次渐小排列。翅反面颜色较浅，具银白色光泽，斑纹与翅正面相似。雌虫与雄虫基本相似，其区别在于雌虫体稍大，后翅4个斑排列成一直线，雄虫后翅4个斑排列不成一直线。

寄主：水稻、稗、茭白、甘蔗、白茅、芒、莠竹、芦苇、狗尾草、竹等多种禾本科植物。

分布：除新疆、宁夏未见报道外，广布全国各水稻种植区。

注：又名直纹稻苞虫、稻苞虫、稻弄蝶、结虫、一字纹弄蝶、山小鬼、单带弄蝶。

雌正　　　　　　　　　　　　　　　雌正

3.黄纹孔弄蝶 *Polytremis lubricans* (Herrich-Schäffer, 1869)（江苏新纪录种）

鉴别特征：体长18～20mm，翅展34～42mm。触角黑褐色棒状，棒端尖细，且弯曲呈钩状。前翅背面暗褐色，近基部具黄褐色鳞毛，斑纹黄白色，其中近外缘具一斜列斑，翅面中央近前缘具黄白斑，略相连。前翅反面近顶角的半部密被黄褐色鳞毛，斑纹同正面。后翅背面暗褐色，中部有棕褐色毛，翅中部偏外缘处具一列黄白色小斑。后翅反面黄褐色，斑纹同正面。雌虫斑纹基本同雄虫。

寄主：禾本科植物。

分布：江苏（宜兴）、广东、云南、海南、江西、福建、湖南、贵州、台湾；印度、缅甸、越南、马来西亚、印度尼西亚等。

雄正　　　　　　　　　　　　雄反

雌正　　　　　　　　　　　　雌反

4.黑斑陀弄蝶 *Thoressa monastyrskyi* Devyatkin, 1996（江苏新纪录种）

鉴别特征：体长18～19mm，翅展35～43mm。触角灰褐色棒状，棒端尖细，黄褐色，且弯曲呈钩状。体背黑褐色，腹面灰黄色。翅正面暗褐色，前翅中部具一扁"Z"字形白斑，近外缘有一列白斑；后翅中部有2个白斑。翅反面，前翅暗褐色，后翅淡黄色；前翅斑纹与正面接近，后翅具数个小黑斑。

寄主：不详。

分布：江苏（宜兴）、香港。

雄正　　　　　　　　　　　　雄反

雌正　　　　　　　　　　　　　　雌反

花弄蝶亚科 Pyrginae

5.黑弄蝶 *Daimio tethys* (Ménétriés, 1857)

鉴别特征：体长13～16mm，翅展32～44mm。触角灰褐色棒状，棒端尖细。前翅背面底色黑色，前翅近翅中部及顶角处具多个集中排列的白色小斑，后翅翅中部位具一明显白色宽横带纹，其内外侧具明显黑斑。雌虫外形同雄虫。

寄主：芋、薯蓣、薄叶野山药、山药、穿龙薯蓣、日本薯蓣、基隆野山药、褐苞薯蓣、蒙古栎。

分布：江苏、内蒙古、陕西、甘肃、河北、北京、山东、山西、浙江、安徽、河南、四川、重庆、云南、湖南、上海、湖北、福建、江西、广东、广西、西藏、海南、香港、台湾以及东北地区；日本、朝鲜、缅甸。

注：又名玉带弄蝶、带弄蝶。

雄正　　　　　　　　　　　　　　雄反

灰蝶科 Lycaenidae

线灰蝶亚科 Theclinae

1.霓纱燕灰蝶 *Rapala nissa* (Kollar, [1844]) (江苏新纪录种)

鉴别特征：体长13～15mm，翅展34～39mm。触角灰褐色棒状，棒端黄褐色。体背黑褐色。翅正面褐色，前、后翅大部分有蓝紫色闪光。翅反面赭黄色至棕灰色，前、后翅各有一条线纹，外侧为模糊白线，中间为暗褐色线，内侧为橙色线，线纹于后翅后侧反折呈"W"字形，后翅臀角附近有眼状斑。后翅有细长的尾突。雄虫后翅背面近翅基处有半圆形灰色性标，翅基部长有椭圆形毛丛。

寄主：蔷薇科、鼠李科等植物。

分布：江苏（宜兴）、陕西、黑龙江、河南、浙江、江西、广东、广西、山东、重庆、贵州、湖北、河北、云南、四川、西藏、台湾；印度、泰国、尼泊尔、马来西亚。

雄正　　　　　　　　　　　　雄反

2.大洒灰蝶 *Satyrium grandis* Felder, C. et Felder, R., 1862

鉴别特征：体长12～15mm，翅展26～41mm。触角棒状，触角节黑白相间，触角棒黑色，棒端黄褐色。前、后翅背面黑色，无斑纹，后翅近臀角处具2个尾突，下方的尾突长，黑色，端部白色。翅反面灰褐色，前翅近外缘有一列黑斑，靠前缘黑斑小，不清晰。翅中部具白横线，其内侧黑色，近后缘处曲折。后翅外缘有一条白黑细线，近外缘有一列黑斑，黑斑内缘有一条曲折的白线，外侧为橙红斑，翅中部具黑白色横线，后缘曲折；近臀角橙红色斑大，外侧有2个黑斑。

寄主：紫藤。

分布：江苏、陕西、黑龙江、河南、浙江、江西、福建、四川、甘肃；印度、澳大利亚、蒙古、俄罗斯。

雄正

雄反

雌正

雌反

3.白斑妩灰蝶 *Udara albocaerulea* (Moore, 1879)（江苏新纪录种）

　　鉴别特征：体长9mm，翅展23mm。触角黑褐色棒状，棒端白色，触角节间有白色毛簇。雄虫翅正面闪有蓝紫色光泽，前翅外缘黑带前宽后窄，中部及后翅大部分区域呈白色；后翅外缘黑带极细。雌虫翅正面黑褐色，近翅中部具蓝色核白色斑纹；翅反面均为白色，具有许多显著的褐色小斑，外缘缺少褐色细线。

寄主：珊瑚树、吕宋荚蒾等忍冬科植物。

分布：江苏（宜兴）、安徽、浙江、福建、江西、广东、广西、四川、贵州、云南、西藏、香港、台湾等；日本、印度、尼泊尔、缅甸、老挝、越南、马来西亚等。

雄正　　　　　　　　　　　雄反

蛱蝶科 Nymphalidae

闪蛱蝶亚科 Apaturinae

1.黑脉蛱蝶 *Hestina assimilis* (Linnaeus, 1758)

鉴别特征：雄虫体长24mm，雌虫体长27 ～ 28mm；雄虫翅展68mm，雌虫翅展80 ～ 86mm。触角黑色棒状，棒顶端黄色。体背面黑色，胸部两侧具灰蓝色纵纹。前、后翅浅蓝绿色，翅前缘和外缘黑色，翅脉及其两侧黑色，形成黑色纵带，翅面上黑色横带将浅蓝绿底色分割成许多大小不等的斑和带，后翅外缘黑色，其后半部微内凹，近外缘处具5个近圆形红色斑和2列浅蓝绿色小点。前、后翅反面与正面相似。雌雄同型，雌虫黑色斑纹稍淡。

寄主：朴树、西川朴、紫弹树。

分布：江苏、黑龙江、辽宁、北京、内蒙古、河北、山西、山东、安徽、河南、陕西、甘肃、贵州、浙江、福建、广东、广西、湖南、湖北、江西、四川、重庆、云南、西藏、澳门、台湾；日本以及朝鲜半岛。

注：又名红环蛱蝶、红星斑蛱蝶、红星蛱蝶、红斑脉蛱蝶。

雄正　　　　　　　　　　　　　　雌正

螯蛱蝶亚科 Charaxinae

2.白带螯蛱蝶 *Charaxes bernardus* (Fabricius, 1793)

鉴别特征：体长23mm，翅展79mm。触角淡褐色棒状。体背、翅正面红棕色或黄褐色，反面淡褐色。雄虫前翅外缘有很宽的黑色带，翅中区域有白色横带，带的两侧为黑边。后翅近外缘有黑带，从前缘向后逐渐变窄呈点列，翅中区域前缘也有白色短横带，内侧边黑色。翅反面前翅近基部有3条短黑线，翅横带呈叠峰状，顶角处有一个三角形白斑，后翅具白带，其内侧具波状黑色线，外侧界线不明显。雌虫前翅正面白色宽带伸到近前缘，外侧多为一列白点，后翅中区前半部也有白色宽带，近外缘有黑色宽带，宽带内具白点列，近臀角处突出成棒状尾突。

寄主：樟科、芸香科、豆科植物。

分布：江苏、四川、上海、云南、重庆、浙江、江西、湖南、福建、广东、广西、海南、香港；斯里兰卡、印度、缅甸、泰国、马来西亚、新加坡、印度尼西亚、澳大利亚、菲律宾。

注：又名茶褐樟蛱蝶。

雄正　　　　　　　　　雄反

3.二尾蛱蝶 *Polyura narcaea* (Hewitson, 1854)

鉴别特征：体长24～25mm，翅展70～72mm。触角黑褐色棒状，有灰白色触角节环。体背具黑色绒毛，头顶具4个金黄色绒毛斑。翅绿色，前翅前缘、外缘及近外缘具黑色带，近翅基处具一黑色横脉纹，其近1/3处具一黑色棒状纹，向近外缘黑色带延伸。后翅外缘黑色，在近后角处向外延伸形成2个尾突，近外缘具一黑色带，伸至后角，后角为焦黄色。

寄主：山槐、黄檀、樱桃、朴树、黄槐、山麻黄以及合欢属。

分布：江苏、上海、安徽、河北、山东、山西、河南、陕西、甘肃、湖北、湖南、浙江、江西、福建、贵州、四川、云南、广西、广东、台湾；印度、缅甸、泰国、越南等。

注：又名小双尾蛱蝶、姬双尾蝶。

雄正

雄反

雄正

雄反

丝蛱蝶亚科 Cyrestinae

4.电蛱蝶 *Dichorragia nesimachus* (Doyère, 1840)

鉴别特征：体长26～32mm，翅展57～76mm。触角黑褐色棒状。体黑褐色。前、后翅褐黑色，具蓝色、绿色和紫色闪光。前翅翅基半部散布白色和蓝绿色斑点，呈星空状排列；翅中部近前缘处有3～4个白色纵斑纹；翅外缘有2列白色齿状纹和一列白色缘斑。后翅散布蓝绿色和白色斑点，翅外缘具一列黑色圆形斑，一列白色齿形斑和一列白色新月形斑。前翅反面黑褐色，翅基部近前缘具2个白色横斑，翅中部近前缘具3～4个白色纵纹，外缘斑纹同正面。后翅反面黑褐色，散布白色斑点，斑纹与正面相似。

寄主：绿樟泡花树、笔罗子、薄叶泡花树、香皮树、漆叶泡花树。

分布：江苏、海南、广西、四川、云南、陕西、甘肃、浙江、安徽、重庆、贵州、湖南、福建、江西、广东、台湾；朝鲜、日本、印度、不丹、越南、缅甸、泰国、马来西亚。

注：又名流星蛱蝶、墨流蛱蝶。

雄正　　　　　　　　　　　雄反

斑蝶亚科 Danainae

5.虎斑蝶 *Danaus genutia* (Cramer, 1779)（江苏新纪录种）

鉴别特征：体长28mm，翅展76mm。触角黑褐色棒状。头部、胸部黑色，布有白色斑。胸部中央有一白色纵纹，两侧具灰白色绒毛。腹部赭黄色，具黑色横线及白斑。前、后翅橙红色，具黑色翅脉、白色斑纹和点状斑。前翅前缘、外缘、后缘和顶端黑色，顶端黑色区内具由5个白色大斑组成的白色斜带，在白色斜带内侧具4个白点，近外缘具2列白色小点。后翅外缘有黑色带，带内具2列白色小点，前、后翅反面斑纹和点均较翅正面大而清晰，前翅顶端和后翅外缘带褐绿色，后翅浅黄色，雄虫近翅中处具明显性标，雌雄同型，雌虫后翅无性标。

寄主：天星藤。

分布：江苏（宜兴）、河南、西藏、江西、浙江、福建、四川、云南、广西、广东、海南、台湾；越南、印度尼西亚、马来西亚、菲律宾、澳大利亚、巴布亚新几内亚。

注：又名黑脉桦斑蝶、拟阿檀斑蝶、虎纹斑蝶。

雄正　　　　　　　　　　　　　雄反

釉蛱蝶亚科 Heliconiinae

6.苎麻珍蝶 *Acraea issoria* (Hübner, 1819)

　　鉴别特征：体长24mm，翅展72mm。触角黑褐色棒状。体暗棕褐色。前翅棕黄色，前缘和外缘灰褐色，外缘内侧具锯齿状灰褐色纹，外缘具7～9个黄色斑。后翅棕黄色，外缘具灰褐色锯齿状纹及8个三角形棕黄色斑。

　　寄主：苎麻、荨麻、咖啡、刺桐和茶。

　　分布：江苏、浙江、福建、江西、湖北、湖南、四川、云南、西藏、广东、广西、海南、台湾；印度、缅甸、泰国、越南、印度尼西亚、菲律宾。

　　注：又名苎麻黄蛱蝶、苎麻蛱蝶、黄斑蛱蝶。

雄正　　　　　　　　　　　　　雄反

7.斐豹蛱蝶 *Argyreus hyperbius* (Linnaeus, 1763)

　　鉴别特征：体长26～29mm，翅展70～76mm。雄虫触角灰褐色至黄褐色棒状，触角棒黑色，棒端黄褐色；雌虫触角暗褐色棒状，触角棒黑色，棒端黄褐色。体背面黑色，被金黄色绒毛，腹面苍黄色，胸部被褐黄色绒毛。雌雄异型。雄虫前、后翅橙黄色，具光泽，前翅外缘镰刀形，缘毛黄色。前翅近前缘处具5条黑色短横纹，翅中部散布黑色斑，近外缘具2列黑色圆斑，外缘具2条黑色细线。后翅外缘锯齿状，缘毛黄色，近翅基部具一横纹，翅中部有断续黑色条纹，近外缘具2列黑色圆斑，外缘具有2条细线。前翅反面桃红色，斑纹与正面相似，翅顶部微红，斑纹绿黄色，嵌有黄白色斑，后翅反面微红色，外缘具2条黑色细线，有黄绿色和黄白色斑以及绿黄色眼斑，瞳点黄白色。雌虫前翅端半部黑色，具一条宽的白色斜带，顶端有白斑点，前缘和白色斜带内侧略带紫蓝色，其余部分同雄虫。

  寄主：竹、柳、紫花地丁、戟叶犁头草、三色堇、犁头草。

  分布：全国各地；日本、朝鲜、菲律宾、印度尼西亚、缅甸、泰国、不丹、尼泊尔、阿富汗、印度、巴基斯坦、孟加拉国、斯里兰卡等。

  注：又名裴胥蛱蝶、黑端豹斑蝶。

雄正

雄反

雌正

雌反

8.青豹蛱蝶 *Damora sagana* (Doubleday, 1847)

  鉴别特征：体长26～27mm，翅展67～72mm。触角暗褐色棒状，触角棒黑色，棒端黄褐色。前翅和后翅橙黄色，具黑色斑纹，前翅近翅基处具2条短横线，其外侧具5～7个斑，翅外缘具3列斑，内侧2列为平行圆形斑。后翅基部和后缘被橙黄色毛，中部具波状黑色纹，翅外缘3列斑与前翅相似。前翅反面淡黄色，顶端斑纹模糊，其余部分斑纹明显，与翅正面相似，后翅反面靠翅基半部有两紫褐色细线和一白色带，近外缘半部微呈暗褐色，具2列眼斑，斑外环暗褐色，瞳点白色。雌虫前、后翅黑褐色，微呈青蓝色，斑纹白色，后翅中部具一白色斜带，翅外缘有2个横列黑斑和2个横列白斑（内侧一列不明显）相间排列成斑状带。前翅反面中央淡紫褐色，顶角暗绿色，斑纹与正面大致相似，后翅反面暗绿色，外缘淡紫褐色，具2条白色带和一列眼斑，斑外环褐色，瞳点白色。

寄主：堇菜、紫花堇菜等堇科植物。

分布：江苏、陕西、内蒙古、甘肃、河北、河南、浙江、安徽、四川、重庆、云南、贵州、福建、湖南、湖北、江西、广东、广西以及东北地区；日本、朝鲜、蒙古、俄罗斯。

注：又名黑豹纹蝴蝶、异型豹蛱蝶、豹纹蛱蝶。

雄正　　　　　　　　　　　　　雄反

线蛱蝶亚科 Limenitidinae

9.扬眉线蛱蝶 *Limentis helmanni* Lederer, 1853

鉴别特征：体长18mm，翅展59mm。触角黑色棒状，棒顶端黄褐色。体背黑色，有蓝绿色光泽，腹面青灰色，翅正面黑褐色，反面红褐色。前翅翅中至翅基部具一白纵纹，其近端部处中断，翅中部偏外缘处具一列弧形弯曲状白斑，其在后翅呈边缘不甚整齐的带状。翅反面红褐色，前翅近后缘半部黑褐色，斑纹同正面，后翅基部及近后缘区蓝灰色，翅基部及近臀角处均具黑点。

寄主：忍冬科、杨柳科植物。

分布：江苏、内蒙古、宁夏、山西、河南、陕西、甘肃、青海、新疆、湖南、湖北、江西、安徽、浙江、福建、四川、重庆、云南、广西以及东北地区；朝鲜、俄罗斯。

注：又名眼纹星点蛱蝶、线蛱蝶。

雄正   雄反

雌正   雌反

10. 迷蛱蝶 *Mimathyma chevana* (Moore, [1866])

鉴别特征：体长18～30mm，翅展57～60mm。触角黑色棒状。体背黑色，腹面青灰色，翅正面黑褐色，反面蓝白色。前翅翅中至翅基部具一长箭状白细纵纹，翅中部偏外缘处具一列弧形弯曲状白斑，其在后翅呈边缘较为整齐粗带状。后翅反面大片银白色，前翅近后缘半部黑色，斑纹同正面，后翅近臀角处具黑点。雄虫正面中部具蓝紫色光泽。

寄主：不详。

分布：江苏、河南、陕西、湖北、四川、江西、浙江、福建、云南。

雄正　　　　　　　　　　　　　　　雄反

11.中环蛱蝶 *Neptis hylas* Linnaeus, 1758

鉴别特征：体长16～18mm，翅展42～52mm。触角暗褐色棒状，棒端黄褐色。背面黑色，腹面灰白色，节间具黑环，体背面黑色，胸部具绿色金属光泽，腹面苍黄色。前、后翅背面褐黑色为主，翅展开时，前、后翅有3条几近相连的白色斑状带。前翅翅中至翅基部具一长条形纵带，其近端部中断出一箭头形斑，从前翅前缘2/3起至后缘中部与后翅中带相连也形成一明显的弧形带，近外缘处也具一条从前翅前缘至后翅后缘的弧形带，且后翅斑纹明显大于前翅，十分清晰，翅外缘波状，缘毛白色。前、后翅反面黄褐色，具光泽，白色斑带明显，其周围具黑色边，后翅2条白色横带间有一条白色和褐色相并的波状横线。雌雄同型。雄虫翅型较宽圆。

寄主：假地豆、葫芦茶、大豆、胡枝子、山黄麻。

分布：江苏、黑龙江、吉林、内蒙古、甘肃、广东、海南、广西、云南、陕西、河南、河北、浙江、安徽、重庆、贵州、湖南、湖北、福建、江西、四川、香港、澳门、台湾；印度、缅甸、越南、马来西亚、印度尼西亚。

注：又名弓箭蝶、三线蛱蝶、木三纹蛱蝶、琉球三线蝶、豆环蛱蝶。

雄正　　　　　　　　　　　　　　　雄反

蛱蝶亚科 Nymphalinae

12.曲纹蜘蛱蝶 *Araschnia doris* Leech, 1893

鉴别特征：体长15～17mm，翅展42～51mm。触角暗褐色棒状，有白斑，棒端黄褐色。体背面黑色，腹面黄白色。前翅具橙黄色、黑褐色和黄白色斑纹，翅中部起至后缘有一短宽黄白色带，翅平展时，此带与后翅白色宽带相接，翅基半部黑褐色具橙黄色细线，翅中部近前缘处有黄白色斑纹，中间被黑色翅脉分割，靠翅端的半部具橙黄色波状带及排列不规则黑褐色斑。后翅翅基部黑色，中部有一黄白色带，带外侧衬一黑褐色宽带，翅外缘黑色，波状，翅后缘黄白色。前、后翅反面黄白色，具橙色嵌有黑褐色的斑纹，后翅基部具黑褐斑，前、后翅中部具明显黄白色带。

寄主：苎麻、荨麻。

分布：江苏、陕西、河南、湖北、四川、浙江、福建、重庆、贵州、江西。

注：又名碎斑蛱蝶、蜘蛱蝶。

雄正　　　　　　　　　　　　雄反

雌正　　　　　　　　　　　　雌反

13. 琉璃蛱蝶 *Kaniska canace* (Linnaeus, 1763)

鉴别特征：体长23～25mm，翅展50～53mm。触角黑褐色棒状，腹面黑白相间，棒端黄色。体背面黑色，腹面褐色。前翅外缘在顶角和臀角处向外突出，呈钝角状，两角中间向内凹呈波状弧形，后翅外缘呈不规则齿状，在近中部向外突出呈一大齿。前、后翅黑色，具光泽，前翅顶部有小白斑，近外缘具一条蓝色宽带，此带在近顶角处呈"丫"字形，翅平展时该带后缘与后翅蓝带相接，后翅蓝带外侧具一列黑色小点。前、后翅反面靠翅基半部褐黑色，靠翅外缘半部褐色，后翅近翅中部具一小白点，其余为遍布全翅的不规则和深浅不一的线与斑，外观如烂枯叶状。雌雄同型，雌虫后翅蓝带稍宽。

寄主：金刚藤、百合。

分布：我国广泛分布；朝鲜、日本、印度、阿富汗、缅甸、马来西亚、印度尼西亚、菲律宾。

注：又名蓝带蛱蝶。

雄正　　　　　　　　　　　　　　　　雄反

14. 黄钩蛱蝶 *Polygonia c-aureum* (Linnaeus, 1758)

鉴别特征：体长17～18mm，翅展48～53mm。触角棒状，背面黑褐色，腹面灰白色，两侧黄褐色。体、胸部背面黑色，被黄褐色绒毛，腹部黄褐色。前、后翅颜色因季节而异，湿季型黄色，翅外缘凹凸较少，旱季型黄褐色，翅外缘凹凸较大。前翅近翅基处有3个褐黑色斑，呈三角形排列，翅中部近前缘具一褐黑色短横斑，近翅顶部具2个黑斑，翅中部及近后缘具4个黑斑，沿翅外缘还有一条褐黑色波状带。后翅后缘黄色，翅基半部有褐黑色斑，近外缘处具2条褐黑色波状带。前、后翅反面黄色，具深色线和斑，后翅中央有一银白色"C"字形纹。翅从外观看，呈枯叶状。

寄主：大麻、葎草、亚麻、柑橘、梨以及榆科、亚麻科、农田杂草。

分布：江苏、内蒙古、陕西、甘肃、河北、北京、天津、山西、上海、安徽、河南、四川、重庆、云南、贵州、湖南、湖北、福建、江西、广东、广西以及东北地区；朝鲜、蒙古、日本、越南、俄罗斯。

注：又名多角蛱蝶、C字蝶、狸黄蝶、黄纹蝶、黄蛱蝶、金钩角蛱蝶、狸黄蛱蝶、黄弧纹蛱蝶、角纹蛱蝶。

雄正　　　　　　　　　　　　　　　　　　雄反

15. 大红蛱蝶 *Vanessa indica* (Herbst, 1794)

鉴别特征：体长23～25mm，翅展66～75mm。触角黑褐色棒状，触角节灰白色，雄虫棒端淡褐色，雌虫棒端黄褐色。体背面黑色，被褐棕色绒毛，腹面黄色。翅黑褐色，外缘波状，前翅近顶角处外伸成角状，翅顶角具白色小点，顶角内侧斜列4个白斑，翅中央具一条宽的红色不规则斜带。后翅暗褐色，外缘红色，内具2列黑色斑。前翅反面除顶角茶褐色外，前缘中部有蓝色细横线，后翅反面有茶褐色的云状斑纹，外缘具4枚模糊的眼斑。

寄主：苎麻、密花苎麻、黄麻、大麻、荨麻、异叶蝎子草、榆树等。

分布：江苏、内蒙古、陕西、甘肃、宁夏、青海、河北、天津、山东、山西、浙江、安徽、河南、四川、重庆、云南、贵州、湖南、湖北、福建、江西、广东、广西、海南、澳门、台湾以及东北地区；亚洲东部、欧洲、非洲西北部等。

注：又名印度赤蛱蝶、苎麻蛱蝶、红蛱蝶、麻红蛱蝶。

雄正　　　　　　　　　　　　　　　　雄反

雌正　　　　　　　　　　　　　　　　雌反

眼蝶亚科 Satyrinae

16.曲纹黛眼蝶 *Lethe chandica* (Moore, [1858])

鉴别特征：体长20～22mm，翅展60～74mm。触角黄褐色棒状，触角棒黑褐色，棒端黄褐色。雌蝶体背面褐色，腹面色稍淡，胸背面有绒毛。前翅从前缘中部至臀角以内红褐色、其外半部褐色，翅中部有一白斑。后翅红褐色，5个黑色眼斑隐约可见。前翅反面近翅基部及翅中部具褐色带，两带之间浅褐色，近外缘黄褐色，其内侧具黑心眼斑5～6个。后翅反面底色同前翅，近翅基部及翅中部褐色带与前翅反面褐色带相接，外缘波状，中部端部较为突出，其内侧具白心黑底褐圈眼斑6个。雄蝶翅黑褐色，几乎无斑纹。

寄主：竹亚科植物。

分布：江苏、西藏、上海、云南、浙江、安徽、福建、四川、重庆、贵州、湖北、广西、广东、香港、台湾；印度、泰国、缅甸、孟加拉国、马来西亚、印度尼西亚、新加坡、越南、老挝、印度、菲律宾。

　　注：又名前带隐眼蝶、微砂隐眼蝶、茶色眼蝶、白纹赤褐黛眼蝶、雌褐荫蝶。

雄正

雄反

雌正

雌反

17.连纹黛眼蝶 *Lethe syrcis* (Hewitson, [1863])

　　鉴别特征：体长 18 ～ 22mm，翅展 52 ～ 59mm。触角棒状，背面褐色，腹面黄褐色，触角节间具白色毛簇。翅背面灰褐色，后翅外缘有 4 个硕大的黑色眼斑，外围包裹黄边；翅反面淡黄灰色，前、后翅外缘为黄色，边缘有黑色细线，内侧还伴有白纹，前翅有 2 条深色线，后翅外缘有 5 个眼斑，眼斑外围伴有白纹，外中区及内中区的深色带在靠臀角处汇合，外中区的深色带在中部尖突。

寄主：刚莠竹以及刚竹属。

分布：江苏、浙江、黑龙江、河南、陕西、江西、海南、福建、四川、广东、广西、重庆等地；越南、老挝。

雄正

雄反

雌正

雌反

18.稻眉眼蝶 *Mycalesis gotama* Moore，1857

鉴别特征：体长15～17mm，翅展40～50mm。触角褐色棒状，棒端中部黑色，两端黄色。翅灰褐色，前翅正反面各有2个黑色圆斑，前面一个较小；斑的周围黄色，中间为白色圆点。后翅面常无斑纹，有时近臀角处有一隐斑，反面有6个圆斑，其中2个较大。前、后翅反面中央从前缘至后缘，均有一黄白色横带。

寄主：水稻、甘蔗、茭白、竹类以及芒、五节芒、棕叶狗尾草、苔草属等多种禾本科杂草。

分布：华东地区、华北地区、华南地区、西南地区；缅甸、印度以及中南半岛北部。

注：又名稻灰褐眼蝶、短角眼蝶、稻眼蝶、黄褐蛇目蝶。

雌正　　　　　　　　　　　　　　　雌反

19.上海眉眼蝶 *Mycalesis sangaica* Butler, 1877（江苏新纪录种）

鉴别特征：体长12～13mm，翅展28～35mm。触角黑褐色棒状，棒端黄褐色。翅正面黑褐色，前翅臀角处有一个大圆斑；翅反面黄褐色，前翅有3个圆斑，臀角处的最大，后翅有7个圆斑，其中第4、5个斑最大。

寄主：禾本科植物。

分布：江苏（宜兴）、浙江、上海、江西、福建、四川、广东、广西、云南、海南、台湾；缅甸、泰国、越南、老挝、蒙古。

注：又名僧袈眉眼蝶。

雄正　　　　　　　　　　　　　　　雄反

雌正　　　　　　　　　　　　雌反

20.蒙链荫眼蝶 *Neope muirheadii* (C. et R. Felder, 1862)

鉴别特征：体长21～23mm，翅展55～78mm。触角黄褐色棒状，触角棒黑褐色，棒端黄褐色。体背深褐色，腹面灰褐色，翅茶褐色。前翅近翅基半部色稍深，近外缘半部色较浅，其内具黑色褐黄圈眼斑4个，第4个最小，缘毛褐黄色。后翅近外缘半部色较淡，具黑底褐黄圈眼斑5个，缘毛褐黄色。翅反面淡褐色，前翅近翅基和中部有串珠斑，翅中部具浅色波状横带，其外侧具黑底白心黄圈眼斑5个，外缘波状，后翅反面近翅基部有4个珠斑，翅中部具浅色波状带，其外侧具小眼斑7个，外缘波状、近中部稍突出。

寄主：毛竹、刚竹、红竹、簕竹、淡竹、石竹、早竹、斑竹、桂竹、绿竹、苦竹、撑篙竹、孝顺竹、高节竹、罗汉竹、青皮竹、刚莠竹、浙江淡竹、台湾桂竹、五月季竹、白哺鸡竹、乌哺鸡竹、水稻。

分布：江苏、河南、陕西、甘肃、安徽、湖北、四川、云南、重庆、贵州、浙江、湖南、江西、福建、广东、广西、海南、台湾；越南、老挝、缅甸、泰国。

注：又名蒙链眼蝶、八目蝶、褐翅荫眼蝶、永泽黄斑荫蝶。

雄正　　　　　　　　　　　　雄反

雄正　　　　　　　　　　　　　雄反

雌正　　　　　　　　　　　　　雌反

21.中华矍眼蝶 *Ypthima chinensis* Leech, 1892（江苏新纪录种）

　　鉴别特征：体长12～14mm，翅展29～36mm。触角黑褐色棒状，棒部黄褐色，节间具白色毛簇。翅正面黑褐色，前翅近顶角及后翅近臀角处各具一大眼斑，有些个体后翅近顶角及臀角处也具很小的眼斑。翅反面的波状细纹分布均匀，前翅具一个眼斑，后翅具3个眼斑，其中近臀角处的2个眼斑紧靠。

　　寄主：禾本科植物。

　　分布：江苏（宜兴）、吉林、陕西、河南、山东、湖北、福建、广西、贵州、安徽、浙江、江西、湖南、甘肃。

雄正

雄反

凤蝶科 Papilionidae

凤蝶亚科 Papilioninae

1.灰绒麝凤蝶 *Byasa mencius* (Felder et Felder, 1862)

鉴别特征：体长26～28mm，翅展65～75mm。触角黑色棒状。体背黑色，两侧具红毛；翅黑褐色或棕褐色，脉纹两侧灰色。后翅外缘波状，尾突窄长，外缘区有月牙形红色斑4个，内缘褶内灰色。翅反面与正面相似，但后翅端部边缘有6个红斑。

寄主：马铃兜属植物。

分布：我国东南部、中部和西部。

注：又名灰绒麝香曙凤蝶。

雄正　　　　　　　　　　　　　雄反

2.碎斑青凤蝶 *Graphium chironides* (Honrath, 1884)（江苏新纪录种）

鉴别特征：体长25mm，翅展76mm。触角黑色棒状。体背面黑色，具绿毛，腹面淡白色。翅黑褐色，斑纹淡绿色或浅黄色，前翅近前缘具5个斑纹排成一列，近顶角有2个斑点，近外缘区有一列小斑，翅中部具一列从前缘伸到后缘逐渐递长的斑。后翅近基半部有5～6个大小不同的纵斑，近外缘区有一列点状斑，外缘波状而直。翅反面棕褐色，前翅斑纹淡绿色与正面相似，后翅近外缘斑列加宽，其内侧另有5个黄色斑纹，基部2～3个斑呈淡黄色。其余与正面相似。

寄主：番荔枝科及樟科植物。

分布：江苏（宜兴）、浙江、福建、广东、广西、海南；印度、缅甸、泰国、马来西亚、印度尼西亚。

注：又名大花青凤蝶、碎斑樟凤蝶。

雄正 雄反

3.黎氏青凤蝶 *Graphium leechi* (Rothschild, 1895)（江苏新纪录种）

鉴别特征：体长24mm，翅展74mm。触角黑色棒状。体黑色，腹面灰白色。翅黑色。前翅近前缘具5条白色端横纹，翅中部从前缘到后缘有一列逐斑增长的平行白色条纹，近外缘有一列小白斑。后翅基半部具5条长短不一的白色条纹，近外缘有一列白斑，外缘波状，无尾突。前翅反面与正面相似；后翅反面自翅中部到后缘有4个黄斑，臀角有一个黄斑，其余与正面相似。

寄主：鹅掌楸、厚朴、檫木等。

分布：江苏（宜兴）、江西、浙江、四川、云南、海南。

雄正 雄反

4.青凤蝶 *Graphium sarpedon* (Linnaeus, 1758)

　　鉴别特征：体长25～26mm，翅展78～83mm。触角黑色棒状。体黑色，腹部两侧各有2条纵线。前翅狭长，后翅三角形，无尾突，外缘明显呈齿状，近外缘有一列蓝绿色月牙形斑，从前翅顶角到后翅的近臀角贯穿着一列绿色半透明近方形的斑块组成的纵带。后翅反面前缘近翅基处有一红色短横，翅中部延伸至后缘具红色斑。雄虫后翅臀折内有灰白色鳞毛，雌虫无。

　　寄主：樟树、黄樟、肉桂、阴香、油樟、楠木、月桂、油梨、红楠、香楠、滇新樟、沉水樟、浙江樟、假肉桂、天竺桂、大叶楠、山胡椒、细叶香桂、越南肉桂、四川大叶樟、小梗黄木姜子等。

　　分布：江苏、陕西、甘肃、上海、河南、湖北、湖南、四川、重庆、贵州、云南、西藏、江西、浙江、福建、广西、广东、海南、香港、澳门、台湾；印度、朝鲜、越南、老挝、尼泊尔、斯里兰卡、不丹、缅甸、泰国、印度尼西亚、日本、新加坡、马来西亚、菲律宾、印度尼西亚、澳大利亚。

　　注：又名棒青凤蝶、樟青凤蝶、青带凤蝶。

雄正　　　　　　　　　　　　　　雄反

5.碧凤蝶 *Papilio bianor* Cramer, 1777

　　鉴别特征：体长31～36mm，翅展90～132mm。触角黑色棒状。体黑色，并布金绿色、蓝紫色鳞片。前翅脉纹清晰，翅基半部色深，翅面鳞片加厚呈条状，布金绿色点，雄虫近翅中部具4条天鹅绒毛。后翅近翅基半部分及外缘附近、尾突中心布蓝紫色点，翅中部至臀区布金绿色点，近外缘有一列由紫蓝色、红色鳞片组成的月牙斑。翅反面可见污色点和新月形斑。

　　寄主：柑橘、山椒、吴茱萸、漆树、樗叶花椒、光叶花椒、飞龙掌血、棟叶吴茱萸。

分布：江苏、内蒙古、陕西、甘肃、宁夏、北京、山东、浙江、安徽、河南、四川、重庆、云南、贵州、湖南、湖北、福建、江西、广东、广西、海南、香港以及东北地区；日本、朝鲜、越南、印度、缅甸。

注：又名黑凤蝶、中华翠凤蝶、浓眉碧凤蝶、乌鸦凤蝶、翠凤蝶。

雄正	雄反
雌正	雌反

6.宽尾凤蝶 *Papilio elwesi* Leech, 1889

鉴别特征：体长35～36mm，翅展144～153mm。触角黑色棒状。体黑色，胸部被黑色绒毛。前翅狭长鳞粉较薄，翅脉清晰，外缘、翅面鳞片呈条状加厚。后翅外缘波浪状，近基部色浅，其余部分黑色鳞粉加厚，色深，色深区域外缘饰大红色或近玫瑰色的月牙斑1～2个，尾突特别长，长达15～20mm，宽处达14mm，呈靴形，臀角斑近圆形，外围红色，中央黑色。

寄主：檫树、鹅掌楸、厚朴、深山含笑。

分布：江苏、广东、广西、福建、江西、湖北、湖南、陕西。

雄正　　　　　　　　　　　　　　　雄反

雄正　　　　　　　　　　　　　　　雄反

7.绿带翠凤蝶 *Papilio maackii* Ménétriès，1859（江苏新纪录种）

鉴别特征：体长33mm，翅展103mm。触角褐色棒状。翅黑色，布满蓝色和翠绿色鳞片。前翅近外缘具黄绿色横带纹。后翅外缘具6个略呈新月形的红斑，臀角具圆形红斑，近外缘有一条明显的蓝绿色横带纹。尾突中也有一条蓝绿色线。翅反面色调较淡，后翅外缘红斑特别清晰明显，蓝绿色横带消失。雄虫前翅近翅中部具绒毛状性斑，易于区别。

寄主：芸香科植物。

分布：江苏（宜兴）、四川、云南、湖北、江西、北京、黑龙江、吉林、河北、台湾；日本、朝鲜、俄罗斯。

注：又名深山凤蝶、绿带凤蝶、琉璃翠凤蝶、深山碧凤蝶、绿带黑凤蝶。

雄正　　　　　　　　　　　雄反

8.美姝凤蝶 *Papilio macilentus* Janson, 1877（江苏新纪录种）

鉴别特征：体长20～23mm，翅展90～120mm，雌虫略大于雄虫。触角、头部和胸部为黑色，腹部也呈黑色。雌虫前翅呈黑褐色略透，后翅为褐色，波浪形，边缘有6～8个环链珠形橘红色斑点并一直延伸到尾翼；雄虫前翅黑色略透，比雌虫窄，后翅黑色，波浪形顶端各有一黄色带状条纹，边缘有4～6个环链珠形橘红色斑点并一直延伸到尾翼，且不清晰。体态优美，色彩艳丽，飞舞时绚丽多姿，宛若窈窕淑女，后翅橘红色的斑酷似眼睛。

寄主：芸香科。

分布：江苏（宜兴）、辽宁、陕西、甘肃、河南、湖北、湖南、云南、福建、广东、广西、海南；朝鲜、俄罗斯、日本、韩国。

注：又名长尾凤蝶、窄翅蓝凤蝶、长凤蝶、美姝凤蝶、美姝美凤蝶。

雄正　　　　　　　　　　　雄反

9.玉带凤蝶 *Papilio polytes* Linnaeus, 1758

鉴别特征：体长30～31mm，翅展90～100mm。触角黑色棒状。体、翅黑褐色至黑色，头部、前胸有成行白点，腹部腹面有白线3～5条。雄蝶前翅外缘有7～9个黄白色斑，越近臀角者越大，后翅外缘波浪状，具尾突，中部有7个黄白斑排成一列横贯其中似玉带，臀角斑不明显，上方有蓝色鳞片点。翅反面花纹相同，并在后翅近外缘有橘红色新月斑。雌蝶两型，一种似雄蝶，另一种截然不同。前翅翅面鳞片加厚呈条状，翅脉清晰，后翅散生浅蓝色鳞片点，外缘内侧有红色弯月形斑7个，翅中部及近后缘具3～5个白色斑和2个红色斑（不规则形），臀角斑红色或不成形，有尾突，反面花纹明显。

寄主：柑橘、花椒、山椒、橙、柠檬、柚子、黄皮、箣欓花椒、过山香、圆金橘、山小橘、两面针、假黄皮、乌柑子、飞龙掌血、光叶花椒。

分布：江苏、甘肃、青海、陕西、西藏、河北、北京、上海、安徽、河南、湖南、湖北、山东、山西、江西、浙江、海南、四川、重庆、贵州、云南、广东、广西、福建、台湾；印度、泰国、日本、马来西亚、印度尼西亚。

注：又名缟凤蝶、白带凤蝶、玉带美凤蝶。

雄正　　　　　　　　　　　雄反

雌正　　　　　　　　　　　雌反

10.蓝凤蝶 *Papilio protenor* Cramer, 1775

鉴别特征：体长30mm，翅展100～130mm。触角黑色棒状。体黑色，翅黑色有靛蓝色天鹅绒光泽，后翅尤其显著。前翅顶角圆大突出，脉纹清晰，脉间鳞片厚，外缘中部微凹，后翅外缘深波状，白色缘毛比前翅明显，无尾突，臀角斑红色环状1～2圈或不明显。雄蝶近前缘有一长卵形黄白色性斑，翅反面前翅同正面，后翅臀角有3个红斑相连，近外缘有2～3个红色新月斑。雌雄基本相似，雌虫无性斑，且翅斑纹更明显。

寄主：柑橘、两面针、山椒。

分布：江苏、湖北、湖南、福建、广东、广西、云南、陕西、河南、山东、西藏等；印度、尼泊尔、不丹、缅甸、越南、朝鲜、日本。

雄正

雄反

雌正

雌反

11.柑橘凤蝶 *Papilio xuthus* Linnaeus, 1767

鉴别特征：体长23～27mm，翅展70～105mm。触角黑色棒状。体黄绿色，背面、腹面及体侧有黑色直条纹。翅黄绿色或黄色，脉纹及两侧黑色，近外缘有黑色宽带，带中间前翅有8个、后翅有6个黄绿色新月形斑，前翅翅中近前缘处有圆形黑斑，圈外具黄绿色环，其向翅基部方向分布几条黑线，后翅黑带中有散生的蓝色鳞粉，臀角斑橙色中央嵌黑点、圆形。雄虫色较艳。

寄主：花椒、山花椒、柑橘、黄波罗、枳壳、柚、黄檗、枸橘、佛手、蕉柑、肉桂、食茱萸、两面针、吴茱萸、陈叶吴茱萸、楝叶吴茱萸。

分布：江苏、内蒙古、陕西、甘肃、青海、河北、北京、山东、浙江、安徽、河南、四川、重庆、贵州、湖南、湖北、福建、江西、广东、广西、海南、台湾以及东北地区；缅甸、日本、朝鲜、越南、俄罗斯、印度、斯里兰卡、马来西亚、菲律宾、澳大利亚。

注：又名花椒凤蝶、柑橘黄凤蝶、黄菠萝凤蝶、黄檗凤蝶。

雄正　　　　　　　　　　　　雄反

绢蝶亚科 Parnassiinae

12.丝带凤蝶 *Sericinus montelus* Gray, 1852

鉴别特征：体长15～19mm，翅展48～69mm。触角黑色棒状。头部、胸部黑色，腹部背面黑色、腹面乳白色。前翅乳白色半透明，前缘具黑边，近翅基部具一黑斑，翅中部具一中间断裂的黑色横带，两者之间具一黑斑，横带外侧具一不连续的黑色横带，不达后缘。后翅乳白色，近基部具黑色斜纹，近外缘具一上细下宽的大黑斑、黑斑中有一红斑纹，尾突细长、染黑色。雌虫色深，黑褐色斑纹明显突出，后翅近中部具2个大的黑褐斜斑，黑褐中带在前缘下有一红点，近外缘具黑褐宽带，其内侧具红色带，尾突细长、染黑色。

  寄主：马兜铃、青木香、北马兜铃。

  分布：江苏、河北、宁夏、甘肃、陕西、河南、北京、天津、山东、山西、安徽、四川、湖北、湖南、江西、广西以及东北地区；朝鲜、俄罗斯。

  注：又名马兜铃凤蝶、软尾亚凤蝶、白凤蝶。

雄正

雌正

粉蝶科 Pieridae

黄粉蝶亚科 Coliadinae

1.山豆粉蝶 *Colias montium* Oberthür, 1886（江苏新纪录种）

鉴别特征：体长20～24mm，翅展48～50mm。触角桃红色棒状，棒端黄褐色。雄虫翅面黄绿色，翅基部具黑色鳞毛，边缘有桃红色轮廓，反面明显。前翅近端部有一宽黑带，内有7个橙黄色斑列，弧形排列，翅中部近前缘有一椭圆形黑色斑。反面淡黄白色，前翅有4个黑色斑列。后翅近翅中部有一淡黄色斑点，反面黄绿色，近翅中部具一棕色斑，中央银白色，翅近外缘有一列淡褐色斑纹，呈弧形排列。

寄主：豆科植物。

分布：江苏（宜兴）、四川、青海。

雄正　　　　　　　　　　　　　　　雄反

2.宽边黄粉蝶 *Eurema hecabe* (Linnaeus, 1758)

鉴别特征：体长17～18mm，翅展46～49mm。触角棒状，黑白相间，棒端黄褐色。头部、胸部黑色有灰白毛，下胸部黄色；腹部背面黑色，腹面黄色。前翅黄色，前缘及外缘具黑色宽带。后翅黄色，外缘黑色淡，外缘具黑色窄边，其内缘翅脉黑色，臀角处3个小黑点。翅反面黄色，翅外缘散布小黑点，前翅近翅基和近中部各具黑褐色纹，后翅反面翅面具多个不清晰黑褐色纹。

寄主：含羞草科、大戟科、苏木科、金丝桃科、鼠李科、蝶形花科等。

分布：江苏、吉林、辽宁、陕西、甘肃、宁夏、北京、上海、浙江、安徽、河南、四川、重庆、云南、贵州、湖南、湖北、福建、江西、广东、广西、海南、香港、澳门、台湾；日本、朝鲜、菲律宾、印度尼西亚、马来西亚、缅甸、泰国、印度、孟加拉国。

注：又名合欢黄粉蝶、银欢粉蝶、黄粉蝶、宽边小黄蝶、含羞黄蝶、小黄粉蝶、黄蝶、荷氏黄蝶。

雄正　　　　　　　　　　　　　　雄反

粉蝶亚科 Pierinae

3. 东方菜粉蝶 *Pieris canidia* (Sparrman, 1768)

鉴别特征：体长18 ～ 23mm，翅展43 ～ 58mm。触角棒状，黑白相间。头部、胸部黑色具灰白毛，腹部背面黑色，腹面灰白色。前翅乳白色，前缘具黑边，翅基半部散布黑色，翅顶角处具黑带，内缘锯齿状，带边缘具一黑斑，臀角处也具一浅色斑，两斑正中具一黑色圆斑，三斑呈直线分布。后翅近基部布有稀疏黑色微粒，前缘具一黑色斑与前翅三斑位于同一直线，外缘具黑色点斑。前翅反面乳白色，翅顶淡黄，具一黑斑，近外缘具2个黑斑，后翅反面淡黄，散布黑色微粒，前缘近基部具橙黄纹。

寄主：十字花科植物及金莲花。

分布：除黑龙江、内蒙古和新疆北部外，其他各地均有分布；朝鲜、越南、老挝、缅甸、柬埔寨、泰国、土耳其。

注：又名黑缘白蝶、多点粉蝶、东方粉蝶、东方脉粉蝶。

雌正　　　　　　　　　　　　　　雌反

4.黑纹粉蝶 *Pieris melete* Ménétriès, 1857

鉴别特征：体长26mm，翅展60mm。触角黑色棒状，触角节有白斑，棒端黄褐色。头部、胸部黑色具白毛，腹部黑色，侧面有黄条。前翅乳白色，前缘黑边，翅顶角具黑斑，其内边成齿状，翅中部近外缘具一黑斑。后翅乳白色，翅脉近外缘处成为黑色斑。前翅反面翅脉黑色，翅顶角处淡黄色，近外缘具2个黑斑，后翅反面基部有一半月形橘黄斑，除前缘及后缘区外底色淡黄，翅脉黑色。雌虫色斑浓厚，前翅翅脉及斑纹黑色，后翅黄色，翅脉黑色。

寄主：白菜、油菜、甘蓝、芥菜、萝卜等栽培及野生十字花科植物、蔷薇科植物。

分布：江苏、甘肃、宁夏、河南、陕西、青海、西藏、河北、安徽、四川、重庆、云南、贵州、福建、江西、浙江、湖南、湖北、广东、广西以及东北地区；朝鲜、日本、俄罗斯。

注：又名黑脉粉蝶、黑脉网粉蝶、褐脉粉蝶、黑脉菜粉蝶。

雄正　　　　　　　　　　　　　　　雄反

5.菜粉蝶 *Pieris rapae* (Linnaeus, 1758)

鉴别特征：体长17mm，翅展52mm。触角灰褐色棒状，棒端黄褐色。雄虫体乳白色，雌虫略深，淡黄白色。雌虫前翅前缘和基部大部分为黑色，顶角有一个大三角形黑斑，中室外侧有2个黑色圆斑，前后并列。后翅基部灰黑色，前缘有一个黑斑，翅展开时与前翅后方的黑斑相连接。雄虫前翅正面灰黑色部分较小，翅中部下方的2个黑斑仅前面一个较明显。成虫常有雌雄二型，更有季节二型的现象，即有春型和夏型之分，春型翅面黑斑小或消失，夏型翅面黑斑显著，颜色鲜艳。

寄主：十字花科、菊科、白花菜科、金莲花科、百合科、紫草科、木樨科。

分布：我国大部分地区；整个北温带。

雄正

雄反

蛾类昆虫灯诱时间一览表

蚕蛾总科 Bombycoidea

蚕蛾科 Bombycidae

1.白弧野蚕蛾 *Bombyx lemeepauli* Lemée, 1950	2016年10月24日
2.野蚕蛾 *Bombyx mandarina* Moore, 1912	2016年（10月17日、11月7日）
3.家蚕蛾 *Bombyx mori* Linnaeus, 1758	2015年7月21日，2019年5月30日

箩纹蛾科 Brahmaeidae

1.黄褐箩纹蛾 *Brahamaea certhia* (Fabricius, 1793)	2016年（8月2日、10月12日），2017年5月2日
2.青球箩纹蛾 *Brahmaea hearseyi* White, 1862	2016年8月31日

带蛾科 Eupterotidae

带蛾亚科 Eupterotinae

灰纹带蛾 *Ganisa cyanugrisea* Mell, 1929	2017年（4月29日、5月28日）

大蚕蛾科 Saturniidae

巨大蚕蛾亚科 Attacinae

1.樗蚕蛾 *Samia cynthia* (Drury, 1773)	2016年（8月5日、10月12日），2017年8月28日

大蚕蛾亚科 Saturniinae

2.黄尾大蚕蛾 *Actias heterogyna* Mell, 1914	2016年（7月11日、10月12日）
3.绿尾大蚕蛾 *Actias selene ningpoana* Felder, 1862	2016年（7月1日、8月5日、9月22日、10月21日）
4.银杏大蚕蛾 *Caligula japonica* Moore, 1862	2016年（10月8日、10月23日）
5.樟蚕蛾 *Eriogyna pyretorum* Westwood, 1847	2017年3月6日，2018年3月14日

天蛾科 Sphingidae

面形天蛾亚科 Acherontiinae

1.芝麻鬼脸天蛾 *Acherontia styx* (Westwood, 1847)	2016年7月5日，2018年9月15日
2.白薯天蛾 *Agrius convolvuli* (Linnaeus, 1758)	2016年（7月24日、8月15日），2017年6月2日
3.华南鹰翅天蛾 *Ambulyx kuangtungensis* (Mell, 1922)	2016年8月26日
4.鹰翅天蛾 *Ambulyx ochracea* Butler, 1885	2016年（7月24日、8月5日、9月2日），2017年（6月5日、8月10日、9月1日）
5.榆绿天蛾 *Callambulyx tatarinovii* (Bremer et Grey, 1853)	2016年8月24日，2017年（6月2日、7月11日）
6.南方豆天蛾 *Clanis bilineata* (Walker, 1866)	2016年（6月21日、7月12日）
7.洋槐天蛾 *Clanis deucalion* (Walker, 1856)	2016年7月27日，2017年6月2日

（续）

8.椴六点天蛾 *Marumba dyras* (Walker, 1856)	2016年（7月13日、7月22日、8月1日、9月14日），2017年（5月5日、6月4日）
9.栗六点天蛾 *Marumba sperchius* (Ménétriés, 1857)	2016年（7月26日、8月24日）
10.盾天蛾 *Phyllosphingia dissimilis* (Bremer, 1861)	2016年（6月19日、7月8日、7月27日、8月3日、8月29日、9月17日、10月12日），2017年6月8日
11.丁香天蛾 *Psilogramma increta* (Walker, 1865)	2016年（7月18日、7月31日），2017年6月7日
12.霜天蛾 *Psilogramma menephron* (Cramer, 1780)	
斜纹天蛾亚科 Choerocampinae	
13.条背天蛾 *Cechenena lineosa* (Walker, 1856)	2016年（8月8日、9月12日），2017年5月5日
14.红天蛾 *Deilephila elpenor* (Linnaeus, 1758)	2016年（8月31日、9月1日）
15.白肩天蛾 *Rhagastis mongoliana* (Butler, 1876)	2016年9月1日，2017年（5月20日、7月17日、7月31日、8月28日）
16.斜纹天蛾 *Theretra clotho* (Drury, 1773)	2017年（5月29日、5月31日）
17.雀纹天蛾 *Theretra japonica* (Boisduval, 1869)	2016年（7月30日、8月9日、9月17日）
18.芋双线天蛾 *Theretra oldenlandiae* (Fabricius, 1775)	2016年8月8日
蜂形天蛾亚科 Philampelinae	
19.葡萄缺角天蛾 *Acosmeryx naga* (Moore, 1858)	2016年（8月2日、8月26日），2017年（5月29日、7月11日）
20.黑长喙天蛾 *Macroglossum pyrrhosticta* Butler, 1875	2016年（8月13日、10月3日）
21.喜马锤天蛾 *Neogurelca himachala* (Butler, 1875)	2016年（6月23日、7月15日）
木蠹蛾总科 Cossoidea	
木蠹蛾科 Cossidae	
豹蠹蛾亚科 Zeuzerinae	
咖啡木蠹蛾 *Polyphagozerra coffeae* (Nietner, 1861)	2017年6月1日
钩蛾总科 Drepanoidea	
钩蛾科 Drepanidae	
圆钩蛾亚科 Cyclidiinae	
1.洋麻圆钩蛾 *Cyclidia substigmaria* (Hübner, 1825)	2016年（6月11日、7月13日、8月5日、9月4日、9月7日），2017年（4月29日、5月7日）
钩蛾亚科 Drepaninae	
2.栎距钩蛾 *Agnidra scabiosa* (Butler, 1877)	2016年（7月12日、9月26日、10月16日），2017年（5月5日、5月9日）
3.框点丽钩蛾 *Callidrepana hirayamai* Nagano, 1918	2016年（9月14日、11月7日）
4.中华大窗钩蛾 *Macrauzata maxima chinensis* Inoue, 1960	2016年11月10日
5.丁铃钩蛾 *Macrocilix mysticata* (Walker, 1863)	2016年7月14日
6.齿线卑钩蛾 *Microblepsis flavilinea* (Leech, 1890)	2016年（7月11日、8月10日），2017年4月16日

（续）

7. 日本线钩蛾 *Nordstroemia japonica* (Moore, 1877)	2016年（7月4日、7月25日、8月31日、9月6日），2017年（4月18日、5月7日）
8. 三线钩蛾 *Pseudalbara parvula* (Leech, 1890)	2016年（7月12日、7月13日、8月4日、8月12日），2017年4月29日
9. 圆带铃钩蛾 *Sewa orbiferata* (Walker, 1862)	2016年（7月28日、8月5日、10月31日）
10. 仲黑缘黄钩蛾 *Tridrepana crocea* (Leech, 1889)	2016年（7月26日、10月19日）
山钩蛾亚科 Oretinae	
11. 接骨木山钩蛾 *Oreta loochooana* Swinhoe, 1902	2016年（9月6日、10月1日、10月16日），2017年（4月29日、5月9日）
12. 黄带山钩蛾 *Oreta pulchripes* (Butler, 1877)	2016年（7月7日、7月16日、8月31日、10月9日），2017年6月17日
波纹蛾亚科 Thyatirinae	
13. 浩波纹蛾 *Habrosyna derasa* Linnaeus, 1767	2017年5月1日
14. 网波纹蛾 *Neotogaria saitonis* Matsumura, 1931	2016年11月7日
15. 波纹蛾 *Thyatira batis* (Linnaeus, 1758)	2016年（7月13日、7月21日、8月28日），2017年3月30日
麦蛾总科 Gelechioidea	
尖蛾科 Cosmopterigidae	
尖蛾亚科 Cosmopteriginae	
杉木球果尖蛾 *Macrobathra flavidus* Qian et Liu, 1997	2018年5月11日
草蛾科 Elachistidae	
草蛾亚科 Ethmiinae	
江苏草蛾 *Ethmia assamensis* (Butler, 1879)	2016年8月28日，2017年5月9日
麦蛾科 Gelechiidae	
棕麦蛾亚科 Dichomeridinae	
甘薯麦蛾 *Helcystogramma triannulella* (Herrich-Schäffer, 1854)	2016年10月20日，2017年4月29日
织蛾科 Oecophoridae	
织蛾亚科 Oecophorinae	
油茶织蛾 *Casmara patrona* Meyrick, 1925	2017年（6月17日、7月3日）
尺蛾总科 Geometroidea	
尺蛾科 Geometridae	
灰尺蛾亚科 Ennominae	
1. 橘斑矶尺蛾 *Abaciscus costimacula* (Wileman, 1912)	2016年（9月12日、9月24日、10月12日），2017年（4月27日、6月17日）
2. 侧带金星尺蛾 *Abraxas latifasciata* Warren, 1894	2017年（4月16日、6月7日、6月19日）
3. 福极尺蛾 *Acrodontis fumosa* (Prout, 1930)	2016年（10月30日、11月6日）

（续）

4.白珠鲁尺蛾 *Amblychia angeronaria* Guenée, 1858	2016年（6月5日、7月24日、8月31日）
5.掌尺蛾 *Amraica superans* (Butler, 1878)	2016年（7月15日、7月24日），2017年（5月26日、6月14日）
6.拟柿星尺蛾 *Antipercnia albinigrata* (Warren, 1896)	2016年（7月21日、8月8日、9月14日），2017年（5月7日、7月3日、8月8日）
7.大造桥虫 *Ascotis selenaria* (Denis et Schiffermüller, 1775)	2016年（7月13日、8月16日、8月26日），2017年（5月7日、5月21日、7月5日）
8.小娴尺蛾 *Auaxa sulphurea* (Butler, 1878)	2016年5月29日，2017年（5月26日、6月4日）
9.木橑尺蛾 *Biston panterinaria* (Bremer et Grey, 1853)	2016年（6月2日、7月11日、7月22日、9月12日、10月4日），2017年（5月14日、10月8日）
10.黑鹰尺蛾 *Biston robustum* Butler, 1879	2018年3月14日
11.油桐尺蛾 *Biston suppressaria* (Guenée, 1858)	2016年（6月9日、7月14日、8月9日），2017年（5月18日、7月13日）
12.焦边尺蛾 *Bizia aexaria* Walker, 1860	2016年（5月12日、6月19日、8月5日、9月19日），2017年（5月18日、6月5日、7月30日、8月28日）
13.槐尺蠖 *Chiasmia cinerearia* (Bremer et Grey, 1853)	2016年8月31日，2017年（6月19日、6月23日、8月20日、9月6日）
14.合欢奇尺蛾 *Chiasmia defixaria* (Walker, 1861)	2017年（4月21日、8月14日）
15.格奇尺蛾 *Chiasmia hebesata* (Walker, 1861)	2016年（8月30日、9月4日、9月9日），2017年（6月11日、6月17日）
16.文奇尺蛾 *Chiasmia ornataria* (Leech, 1897)	2017年（5月28日、6月16日）
17.雨尺蛾 *Chiasmia pluviata* (Fabricus, 1798)	2016年（6月8日、8月11日）
18.瑞霜尺蛾 *Cleora repulsaria* (Walker, 1860)	2016年8月19日
19.毛穿孔尺蛾 *Corymica arnearia* (Walker, 1860)	2016年（7月5日、7月22日、8月2日、8月28日），2017年（5月5日、8月7日）
20.细纹穿孔尺蛾 *Corymica spatiosa* Prout, 1925	2016年（7月7日、7月13日、8月28日）
21.三线恨尺蛾 *Cotta incongruaria* (Walker, 1860)	2016年（7月13日、7月19日）
22.小蜻蜓尺蛾 *Cystidia couaggaria* (Guenée, 1857)	2018年（5月31日、6月4日）
23.粉红普尺蛾 *Dissoplaga flava* (Moore, 1888)	2017年6月8日
24.黄蟠尺蛾 *Eilicrinia flava* (Moore, 1888)	2016年（8月22日、8月27日）
25.斜卡尺蛾 *Entomopteryx obliquilinea* (Moore, 1888)	2016年10月29日
26.猛拟长翅尺蛾 *Epobeidia tigrata leopardaria* (Oberthür, 1881)	2016年（6月5日、7月7日），2017年（6月5日、7月3日、8月9日）
27.金鲨尺蛾 *Euchristophia cumulata sinobia* (Wehrli, 1939)	2017年（5月24日、6月14日）
28.金丰翅尺蛾 *Euryobeidia largeteaui* (Oberthür, 1884)	2017年6月7日
29.赭尾尺蛾 *Exurapteryx aristidaria* (Oberthür, 1911)	2016年（9月20日、9月27日）
30.紫片尺蛾 *Fascellina chromataria* Walker, 1860	2016年（7月11日、8月5日、8月31日、9月3日、9月26日）

（续）

种类	采集日期
31.灰绿片尺蛾 *Fascellina plagiata* (Walker, 1866)	2016年（6月20日、7月17日、7月30日、8月4日、8月27日），2017年（5月3日、5月5日）
32.玲隐尺蛾 *Heterolocha aristonaria* (Walker, 1860)	2017年（6月2日、6月5日）
33.双封尺蛾 *Hydatocapnia gemina* Yazaki, 1990	2016年（8月15日、8月24日），2017年（5月31日、6月3日）
34.紫云尺蛾 *Hypephyra terrosa* Butler, 1889	2016年8月29日
35.红双线兔尺蛾 *Hyperythra obliqua* (Warren, 1894)	2017年（4月27日、5月8日）
36.紫褐蚀尺蛾 *Hypochrosis insularis* (Bastelberger, 1909)	2016年7月15日，2017年（4月23日、6月1日）
37.黎明尘尺蛾 *Hypomecis eosaria* (Walker, 1863)	2016年（9月25日、10月7日），2017年6月7日
38.尘尺蛾 *Hypomecis punctinalis* (Scopoli, 1763)	2016年（8月15日、9月8日），2017年（6月21日、9月23日）
39.暮尘尺蛾 *Hypomecis roboraria* (Denis et Schiffermüller, 1775)	2016年（7月13日、8月26日、9月4日）
40.钩翅尺蛾 *Hyposidra aquilaria* (Walker, [1863])	2016年（7月6日、7月16日、8月5日、8月26日），2017年（5月1日、8月12日）
41.小用克尺蛾 *Jankowskia fuscaria* (Leech, 1891)	2016年（7月13日、8月17日、10月12日），2019年5月30日
42.三角璃尺蛾 *Krananda latimarginaria* Leech, 1891	2016年（7月31日、8月26日、9月12日）
43.橄榄斜灰尺蛾 *Loxotephria olivacea* Warren, 1905	2016年（6月20日、7月1日、7月30日、8月31日、9月24日），2017年（5月31日、6月9日）
44.上海庶尺蛾 *Macaria shanghaisaria* Walker, 1861	2017年（9月19日、9月25日）
45.凸翅小盅尺蛾 *Microcalicha melanosticta* (Hampson, 1895)	2016年（8月30日、8月31日），2017年（6月19日、6月28日、7月3日）
46.泼墨尺蛾 *Ninodes splendens* (Butler, 1878)	2016年8月7日，2017年（4月21日、5月9日）
47.叉线霞尺蛾 *Nothomiza perichora* Wehrli, 1940	2017年（4月27日、7月12日），2018年4月28日
48.贡尺蛾 *Odontopera bilinearia* (Swinhoe, 1889)	2018年5月11日
49.核桃四星尺蛾 *Ophthalmitis albosignaria* (Bremer et Grey, 1853)	2016年8月21日，2017年（7月3日、8月26日）
50.四星尺蛾 *Ophthalmitis irrorataria* Bremer et Grey, 1853	2017年5月14日
51.中华四星尺蛾 *Ophthalmitis sinensium* (Oberthür, 1913)	2016年8月29日，2017年（6月17日、7月3日）
52.拟据纹四星尺蛾 *Ophthalmitis siniherbida* (Wehrli, 1943)	2017年7月3日
53.聚线琼尺蛾 *Orthocabera sericea* Butler, 1879	2017年（6月4日、6月13日）
54.清波琼尺蛾 *Orthocabera tinagmaria* (Guenée, 1857)	2016年（6月13日、7月6日、8月8日、8月28日、9月3日、10月16日、11月20日），2017年3月30日，2018年（3月14日、3月28日、8月5日）
55.义尾尺蛾 *Ourapteryx yerburii* (Butler, 1886)	2016年（5月3日、7月13日、10月10日），2017年5月1日
56.云庶尺蛾 *Oxymacaria temeraria* (Swinhoe, 1891)	2017年6月8日
57.柿星尺蛾 *Parapercnia giraffata* (Guenée, 1858)	2016年（7月11日、8月2日），2017年（5月28日、6月3日）

（续）

58. 散斑点尺蛾 *Percnia lurdaria* (Leech, 1897)	2016年（8月26日、9月3日），2017年（5月7日、6月14日、6月21日、8月8日）
59. 双联尺蛾 *Polymixinia appositaria* (Leech, 1891)	2016年10月6日，2017年（5月28日、6月4日）
60. 后缘长翅尺蛾 *Postobeidia postmarginata* (Wehrli, 1933)	2016年8月30日
61. 紫白尖尺蛾 *Pseudomiza obliquaria* (Leech, 1897)	2016年（8月15日、9月2日），2017年6月30日
62. 拉克尺蛾 *Racotis boarmiaria* (Guenée, 1858)	2016年（8月28日、10月22日）
63. 中国佐尺蛾 *Rikiosatoa vandervoordeni* (Prout, 1923)	2016年10月12日
64. 织锦尺蛾 *Stegania cararia* (Hübner, 1790)	2016年7月11日
65. 狭浮尺蛾 *Synegia angusta* Prout, 1924	2016年8月31日
66. 黄蝶尺蛾 *Thinopteryx crocoptera* (Kollar, [1844])	2016年9月5日，2017年7月5日
67. 双色波缘尺蛾 *Wilemania nitobei* (Nitobe, 1907)	2016年11月20日
68. 黑玉臂尺蛾 *Xandrames dholaria* Moore, 1868	2016年（8月4日、8月12日），2017年5月3日
69. 折玉臂尺蛾 *Xandrames latiferaria* (Walker, 1860)	2016年（6月9日、7月6日、7月20日、8月24日、9月12日），2017年6月21日
70. 中国虎尺蛾 *Xanthabraxas hemionata* (Guenée, 1857)	2015年7月21日，2016年（6月21日、7月22日），2017年（6月11日、7月10日、7月24日）
71. 鹰三角尺蛾 *Zanclopera falcata* Warren, 1894	2016年（8月5日、8月24日）

尺蛾亚科 Geometrinae

72. 萝藦艳青尺蛾 *Agathia carissima* Butler, 1878	2016年10月10日，2017年5月31日
73. 中国四眼绿尺蛾 *Chlorodontopera mandarinata* (Leech, 1889)	2016年（8月31日、9月2日），2017年6月23日
74. 长纹绿尺蛾 *Comibaena argentataria* (Leech, 1897)	2016年9月2日，2017年（6月5日、8月7日）
75. 紫斑绿尺蛾 *Comibaena nigromacularia* (Leech, 1897)	2016年（8月4日、9月4日）
76. 亚肾纹绿尺蛾 *Comibaena subprocumbaria* (Oberthür, 1916)	2016年（8月31日、10月3日）
77. 亚四目绿尺蛾 *Comostola subtiliaria* (Bremer, 1864)	2016年（8月28日、10月4日），2017年4月16日
78. 宽带峰尺蛾 *Dindica polyphaenaria* (Guenée, 1858)	2016年（5月30日、6月13日、7月11日、8月28日、9月12日、10月4日、10月22日）
79. 弯彩青尺蛾 *Eucyclodes infracta* (Wileman, 1911)	2016年8月5日
80. 续尖尾尺蛾 *Gelasma grandificaria* Graeser, 1890	2016年（7月15日、8月5日、9月2日）
81. 金边无缰青尺蛾 *Hemistola simplex* Warren, 1899	2016年8月9日
82. 奇锈腰尺蛾 *Hemithea krakenaria* Holloway, 1996	216年10月20日
83. 巨始青尺蛾 *Herochroma mansfieldi* (Prout, 1939)	2018年6月11日
84. 青辐射尺蛾 *Iotaphora admirabilis* (Oberthür, 1884)	2016年（7月13日、10月4日）
85. 齿突尾尺蛾 *Jodis dentifascia* Warren, 1897	2016年7月14日
86. 豆纹尺蛾 *Metallolophia arenaria* (Leech, 1889)	2017年5月29日

（续）

87. 三岔绿尺蛾 *Mixochlora vittata* (Moore, 1868)	2016年11月20日，2017年7月20日
88. 金星垂耳尺蛾 *Pachyodes amplificata* (Walker, 1862)	2016年（7月11日、7月31日）
89. 海绿尺蛾 *Pelagodes antiquadraria* (Inoue, 1976)	2016年（7月14日、8月29日、10月10日）
90. 亚海绿尺蛾 *Pelagodes subquadraria* (Inoue, 1976)	2016年（8月3日、8月9日）
91. 红带粉尺蛾 *Pingasa rufofasciata* Moore, 1888	2017年6月14日
92. 黄基粉尺蛾 *Pingasa ruginaria* (Guenée, 1858)	2017年6月14日
93. 镰翅绿尺蛾 *Tanaorhinus reciprocata confuciaria* (Walker, 1861)	2016年（10月1日、10月28日、11月10日）
94. 小缺口青尺蛾 *Timandromorpha enervata* Inoue, 1944	2017年5月5日

花尺蛾亚科 Larentiinae

95. 常春藤涧纹尺蛾 *Callabraxas compositata* (Guenée, 1857)	2017年（5月26日、6月1日）
96. 云南松涧纹尺蛾 *Callabraxas fabiolaria* (Oberthür, 1884)	2017年（6月3日、6月17日）
97. 多线涧纹尺蛾 *Callabraxas plurilineata* (Walker, 1862)	2017年（5月28日、6月4日）
98. 连斑双角尺蛾 *Carige cruciplaga* (*debrunneata* Prout, 1929)	2017年6月15日
99. 汇纹尺蛾 *Evecliptopera decurrens decurrens* (Moore, 1888)	2017年（3月31日、5月28日）
100. 奇带尺蛾 *Heterothera postalbida* (Wileman, 1911)	2016年（10月20日、10月23日）
101. 宁波阿里山夕尺蛾 *Sibatania arizana placata* (Prout, 1929)	2017年6月17日

姬尺蛾亚科 Sterrhinae

102. 尖尾瑕边尺蛾 *Craspediopsis acutaria* (Leech, 1897)	2016年（7月13日、8月26日、9月12日），2017年（3月31日、4月27日）
103. 毛姬尺蛾 *Idaea villitibia* (Prout, 1932)	2016年8月5日，2017年5月26日
104. 佳眼尺蛾 *Problepsis eucircota* Prout, 1913	2015年6月26日，2016年（8月1日、8月31日、10月11日），2017年（5月16日、10月9日）
105. 斯氏眼尺蛾 *Problepsis stueningi* Xue, Cui et Jiang, 2018	2017年5月20日
106. 双珠严尺蛾 *Pylargosceles steganioides* (Butler, 1878)	2016年8月24日，2017年（3月30日、4月21日、6月14日、6月21日）
107. 麻岩尺蛾 *Scopula nigropunctata* (Hufnagel, 1767)	2016年7月7日，2017年5月7日
108. 忍冬尺蛾 *Somatina indicataria* (Walker, 1861)	2016年（8月12日、10月8日）
109. 曲紫线尺蛾 *Timandra comptaria* Walker, 1863	2016年（7月16日、8月8日、8月31日、10月2日），2017年（5月1日、6月22日）
110. 极紫线尺蛾 *Timandra extremaria* Walker, 1861	2016年（8月31日、9月5日、10月12日、11月14日），2017年5月7日
111. 霞边紫线尺蛾 *Timandra recompta* (Prout, 1930)	2016年（8月11日、8月28日、10月6日）

燕蛾科 Uraniidae

蛱蛾亚科 Epipleminae

| 1. 缺饰蛱蛾 *Epiplema exornata* (Eversmann, 1837) | 2017年5月7日 |
| 2. 褐带蛱蛾 *Epiplema plagifera* Butler, 1881 | 2016年11月12日 |

（续）

3.后两齿蛱蛾 *Epiplema suisharyonis* Strand, 1916	2016年（7月11日、8月23日）
小燕蛾亚科 Microniinae	
4.斜线燕蛾 *Acropteris iphiata* (Guenée, 1857)	2017年5月17日
蝙蝠蛾总科 Hepialoidea	
蝙蝠蛾科 Hepialidae	
疖蝙蛾 *Endoclita nodus* (Chu et Wang, 1985)	2016年10月6日，2017年9月23日
枯叶蛾总科 Lasiocampoidea	
枯叶蛾科 Lasiocampidae	
1.思茅松毛虫 *Dendrolimus kikuchii* Matsumura, 1927	2016年（8月10日、8月21日、10月12日），2017年9月29日
2.马尾松毛虫 *Dendrolimus punctatus* (Walker, 1855)	2016年（9月3日、9月18日、9月27日）
3.竹纹枯叶蛾 *Euthrix laeta* (Walker, 1855)	2016（7月1日、7月18日、8月5日、10月14日）
4.橘褐枯叶蛾 *Gastrapacha pardale* sinensis Tams, 1935	2016（8月8日、9月6日、9月27日、10月10日、10月20日）
5.油茶大枯叶蛾 *Lebeda nobilis sinina* de Lajonquiere, 1979	2016年（9月16日、9月26日）
6.苹枯叶蛾 *Odonestis pruni* (Linnaeus, 1758)	2016年（9月9日、9月25日），2017年6月17日
7.栗黄枯叶蛾 *Trabala vishnou* (Lefèbvre, 1827)	2016年（7月25日、8月1日、10月20日）
螟蛾总科 Pyraloidea	
草螟科 Crambidae	
水螟亚科 Acentropinae	
1.棉塘水螟 *Elophila interruptalis* (Pryer, 1877)	2016年8月20日
2.褐萍塘水螟 *Elophila turbata* (Butler, 1881)	2016年（8月12日、9月18日）
3.华斑水螟 *Eoophyla sinensis* (Hampson, 1897)	2016年（8月12日、8月15日）
4.长狭翅水螟 *Eristena longibursa* Chen, Song et Wu, 2006	2016年（6月2日、6月23日）
5.断纹波水螟 *Paracymoriza distinctalis* (Leech, 1889)	2017年6月14日
6.黄褐波水螟 *Paracymoriza vagalis* (Walker, [1866])	2016年（8月6日、8月22日），2017年6月6日
7.小筒水螟 *Parapoynx diminutalis* Snellen, 1880	2017年（8月31日、9月4日、9月18日）
8.稻筒水螟 *Parapoynx vittalis* (Bremer, 1864)	2016年8月22日，2017年6月14日
草螟亚科 Crambinae	
9.稻巢草螟 *Ancylolomia japonica* Zeller, 1877	2016年（8月15日、8月24日），2017年6月28日
10.黄纹髓草螟 *Calamotropha paludella* (Hübner, 1824)	2016年7月7日
11.泰山齿纹草螟 *Elethyia taishanensis* (Caradja et Meyrick, 1937)	2016年8月24日
12.竹黄腹大草螟 *Eschata miranda* Bleszynski, 1965	2016年（8月16日、8月24日）
13.黄纹银草螟 *Pseudargyria interruptella* (Walker, 1866)	2017年8月29日

（续）

野螟亚科 Pyraustinae	
14.胭翅野螟 *Carminibotys carminalis* (Caradja, 1925)	2016年8月5日，2017年5月5日
15.黑角卡野螟 *Charitoprepes lubricosa* Warren, 1896	2016年（8月12日、8月24日），2017年（6月7日、6月14日）
16.竹金黄镰翅野螟 *Circobotys aurealis* (Leech, 1889)	2016年（5月29日、6月2日、7月29日、8月12日、8月22日），2017年6月16日
17.黄斑镰翅野螟 *Circobotys butleri* (South, 1901)	2016年（8月15日、8月24日），2017年（5月26日、6月7日）
18.横线镰翅野螟 *Circobotys heterogenalis* (Bremer, 1864)	2017年（5月11日、6月14日）
19.竹弯茎野螟 *Crypsiptya coclesalis* (Walker, 1859)	2016年（7月14日、8月22日），2017年6月7日
20.竹淡黄野螟 *Demobotys pervulgali* (Hampson, 1913)	2016年11月7日，2017年6月6日
21.白斑翅野螟 *Diastictis inspersalis* (Zeller , 1852)	2016年（7月30日、8月7日、11月18日），2017年5月5日
22.黄翅叉环野螟 *Eumorphobotys eumorphalis* (Caradja, 1925)	2016年（5月30日、7月1日、7月21日、10月16日），2017年5月28日
23.离纹长距野螟 *Hyalobathra dialychna* Meyrick, 1894	2016年（8月5日、8月8日）
24.条纹野螟 *Mimetebulea arctialis* Munroe et Mutuura, 1968	2016年7月26日
25.缘斑须野螟 *Nosophora insignis* (Butler, 1881)	2016年（8月31日、9月18日、11月18日）
26.多刺玉米螟 *Ostrinia palustralis* (Hübner, 1796)	2016年（8月29日、10月17日）
27.接骨木尖须野螟 *Pagyda amphisalis* Walker, 1859	2016年9月13日，2017年5月11日
28.双环纹野螟 *Preneopogon catenalis* (Wileman, 1911)	2017年5月9日
29.紫苏野螟 *pyrausta phoenicealis* (Hübner, 1818)	2016年8月8日
30.褐萨野螟 *Sameodes aptalis* Walker, 1866	2016年8月17日
禾螟亚科 Schoenobiinae	
31.黄尾蛀禾螟 *Scirpophaga nivella* (Fabricius, 1794)	2017年6月7日
苔螟亚科 Scopariinae	
32.白点黑翅野螟 *Heliothela nigralbata* Leech, 1889	2016年10月16日
斑野螟亚科 Spilomelinae	
33.白桦角须野螟 *Agrotera nemoralis* (Scopoli, 1763)	2019年4月24日
34.黄翅缀叶野螟 *Botyodes diniasalis* (Walker, 1859)	2016年8月17日
35.三角暗野螟 *Bradina trigonalis* Yamanaka, 1984	2017年6月14日
36.长须曲角野螟 *Camptomastix hisbonalis* (Walker, 1859)	2019年4月24日
37.稻纵卷叶野螟 *Cnaphalocrocis medinalis* (Guenée, 1854)	2016年（8月17日、10月16日）
38.桃多斑野螟 *Conogethes punctiferalis* (Guenée, 1854)	2016年（8月3日、8月7日）
39.黄杨绢野螟 *Cydalima perspectalis* (Walker, 1859)	2016年（8月12日、8月31日、9月6日），2017年6月21日

（续）

40. 瓜绢野螟 *Diaphania indica* (Saunders, 1851)	2016年（8月24日、8月31日）
41. 裂缘野螟 *Diplopseustis perieresalis* (Walker, 1859)	2016年11月13日
42. 双纹绢丝野螟 *Glyphodes duplicalis* Inoue, Munroe et Mutuura, 1981	2017年5月7日
43. 齿斑绢丝野螟 *Glyphodes onychinalis* (Guenée, 1854)	2016年（7月24日、9月25日），2017年（6月7日、9月18日）
44. 四斑绢丝野螟 *Glyphodes quadrimaculalis* (Bremer et Grey, 1853)	2017年6月8日
45. 黑缘犁角野螟 *Goniorhynchus marginalis* Warren, 1895	2016年（8月12日、8月18日），2017年5月20日
46. 棉褐环野螟 *Haritalodes derogata* (Fabricius, 1775)	2016年8月5日，2017年（6月7日、7月17日）
47. 黑点切叶野螟 *Herpetogramma basalis* (Walker, 1866)	2016年11月8日
48. 暗切叶野螟 *Herpetogramma fuscescens* (Warren, 1892)	2017年6月12日
49. 水稻切叶野螟 *Herpetogramma licarsisalis* (Walker, 1859)	2016年10月23日
50. 葡萄切叶野螟 *Herpetogramma luctuosalis* (Guenée, 1854)	2016年8月20日，2017年7月3日
51. 狭翅切叶野螟 *Herpetogramma pseudomagna* Yamanaka, 1976	2016年8月5日
52. 富永切叶野螟 *Herpetogramma tominagai* Yamanaka, 2003	2016年10月10日
53. 黑点蚀叶野螟 *Lamprosema commixta* (Butler, 1879)	2016年（8月21日、10月16日）
54. 豆荚野螟 *Maruca testulalis* (Geyer, 1832)	2016年（10月17日、10月29日）
55. 四目扇野螟 *Nagiella inferior* (Hampson, 1898)	2016年（8月5日、8月28日、9月4日）
56. 四斑扇野螟 *Nagiella quadrimaculalis* (Kollar et Redtenbacher, 1844)	2016年8月5日，2017年6月7日
57. 麦牧野螟 *Nomophila noctuella* (Denis et Schiffermüller, 1775)	2016年10月16日
58. 豆啮叶野螟 *Omiodes indicata* (Fabricius , 1775)	2016年8月5日，2017年5月9日
59. 箬啮叶野螟 *Omiodes miserus* (Butler, 1879)	2016年8月17日
60. 三纹啮叶野螟 *Omiodes tristrialis* (Bremer, 1864)	2016年（8月5日、8月12日）
61. 明帕野螟 *Paliga minnehaha* (Pryer, 1877)	2017年（5月3日、5月5日）
62. 双突绢须野螟 *Palpita inusitata* (Butler, 1879)	2016年（7月29日、10月31日、11月7日）
63. 白蜡绢须野螟 *Palpita nigropunctalis* (Bremer, 1864)	2016年（9月17日、10月5日），2019年5月13日
64. 小绢须野螟 *Palpita parvifraterna* Inoue, 1999	2016年（9月17日、11月7日）
65. 枇杷扇野螟 *Patania balteata* (Fabricius, 1798)	2016年（8月3日、8月24日）
66. 三条扇野螟 *Patania chlorophanta* (Butler, 1878)	2016年7月24日，2107年6月15日
67. 大白斑野螟 *Polythlipta liquidalis* Leech, 1889	2016年8月26日
68. 豹纹卷野螟 *Pycnarmon pantherata* (Butler, 1878)	2016年（7月30日、8月8日），2017年（5月28日、8月5日）
69. 显纹卷野螟 *Pycnarmon radiata* (Warren, 1896)	2016年（7月14日、11月18日），2017年6月1日

（续）

70.甜菜青野螟 *Spoladea recurvalis* (Fabricius, 1775)	2016年（8月12日、9月26日），2017年10月9日
71.细条纹野螟 *Tabidia strigiferalis* Hampson, 1900	2019年10月10日
72.黄黑纹野螟 *Tyspanodes hypsalis* Warren, 1891	2016年（7月6日、7月21日、8月17日），2017年（5月9日、7月4日、8月25日）
73.橙黑纹野螟 *Tyspanodes striata* (Butler, 1879)	2016年（6月2日、7月7日、7月16日），2017年（7月4日、8月8日）

螟蛾科 Pyralidae

丛螟亚科 Epipaschiinae

1.映彩丛螟 *Lista insulsalis* (Lederer, 1863)	2016年（7月11日、8月25日、9月4日），2017年7月17日
2.缀叶丛螟 *Locastra muscosalis* (Walker, 1866)	2016年（7月7日、7月24日）

斑螟亚科 Phycitinae

3.马鞭草带斑螟 *Coleothrix confusalis* (Yamanaka, 2006)	2017年4月29日
4.冷杉梢斑螟 *Dioryctria abietella* (Denis et Schiffermüller, 1775)	2016年8月15日
5.果梢斑螟 *Dioryctria pryeri* Ragonot, 1893	2016年（7月16日、9月24日）
6.豆荚斑螟 *Etiella zinckenella* (Treitschke, 1832)	2016年（9月26日、11月12日），2017年4月29日
7.红云翅斑螟 *Oncocera semirubella* (Scopoli, 1763)	2016年（6月2日、9月22日），2017年5月18日

螟蛾亚科 Pyralinae

8.盐肤木黑条螟 *Arippara indicator* Walker, 1864	
9.玫红歧角螟 *Endotricha minialis* (Fabricius, 1794)	2017年6月15日
10.榄绿歧角螟 *Endotricha olivacealis* (Bremer, 1864)	2017年5月9日
11.灰巢螟 *Hypsopygia glaucinalis* (Linnaeus, 1758)	2017年10月9日
12.赤巢螟 *Hypsopygia pelasgalis* (Walker, 1859)	2016年8月8日，2017年7月12日
13.尖须巢螟 *Hypsopygia racilialis* (Walker, 1859)	2017年6月15日
14.褐巢螟 *Hypsopygia regina* (Butler, 1879)	2016年（8月12日、10月10日），2017年5月31日
15.褐鹦螟 *Loryma recusata* (Walker, 1863)	2016年8月25日，2019年3月5日
16.眯迷螟 *Mimicia pseudolibatrix* (Caradja, 1925)	2017年8月29日
17.小直纹螟 *Orthopygia nannodes* (Butler, 1879)	2016年9月9日
18.赫双点螟 *Orybina hoenei* Caradja, 1935	2016年8月20日，2017年6月8日
19.艳双点螟 *Orybina regalis* (Leech, 1889)	2016年（7月30日、8月8日），2017年（6月3日、7月1日）
20.锈纹螟 *Pyralis pictalis* (Curtis, 1834)	2016年8月8日
21.白缘缨须螟 *Stemmatophora albifimbrialis* (Hampson, 1906)	2018年6月23日
22.朱硕螟 *Toccolosida rubriceps* Walker, 1863	2017年（5月29日、6月3日、6月19日）
23.黄头长须短颚螟 *Trebania flavifrontalis* (Leech, 1889)	2017年6月14日

（续）

网蛾总科 Thyridoidea

网蛾科 Thyrididae

剑网蛾亚科 Siculodinae

1.金盏拱肩网蛾 Camptochilus sinuosus Warren, 1896	2016年8月24日，2017年5月1日
2.姬绢网蛾 Herdonia acaresa Chu et Wang, 1992	2017年6月19日
3.直线网蛾 Rhodoneura erecta (Leech, 1889)	2017年5月26日
4.虹丝网蛾 Rhodoneura erubrescens Warren, 1908	2017年6月14日
5.亥黑线网蛾 Rhodoneura hyphaema (West, 1932)	2016年7月15日，2017年7月8日
6.大斜线网蛾 Striglina cancellata (Christoph, 1881)	2016年7月6日，2017年6月8日
7.铃木线网蛾 Striglina suzukii Matsumura, 1921	2016年（7月13日、8月27日、9月5日），2017年（5月9日、6月14日）

谷蛾总科 Tineoidea

谷蛾科 Tineidae

谷蛾亚科 Tineinae

梯斑谷蛾 Monopis monachella (Hübner, 1796)	2016年10月11日

卷蛾总科 Tortricoidea

卷蛾科 Tortricidae

卷蛾亚科 Tortricinae

1.白褐长翅卷蛾 Acleris japonica (Walsingham, 1900)	2018年5月26日
2.奥黄卷蛾 Archips audax Razowski, 1977	2016年（9月4日、9月14日）
3.苹黄卷蛾 Archips ingentana (Christoph, 1881)	2016年9月4日
4.茶长卷叶蛾 Homona magnanima Diakonoff, 1948	2016年9月27日
5.细圆卷蛾 Neocalyptis liratana (Christoph, 1881)	2017年10月12日
6.长瓣圆卷蛾 Neocalyptis taiwana Razowski, 2000	2017年10月9日

小卷蛾亚科 Olethreutinae

7.麻小食心虫 Grapholita delineana Walker, 1863	2017年5月1日
8.日月潭广翅小卷蛾 Hedya sunmoonlakensis Kawabe, 1993	2017年5月18日
9.落叶松花翅小卷蛾 Lobesia virulenta Bae et Komai, 1991	2016年11月12日
10.苦楝小卷蛾 Loboschhiza koenigana (Fabricius, 1775)	2016年（8月19日、10月16日），2017年（6月13日、10月12日）
11.精细小卷蛾 Psilacantha pryeri (Walsingham, 1900)	2016年（8月18日、8月23日）

（续）

巢蛾总科 Yponomeutoidea

雕蛾科 Glyphipterigidae

雕蛾亚科 Glyphipteriginae

条斑雕蛾 *Glyphipterix gamma* Moriuti et Saito, 1964	2018年5月11日

斑蛾总科 Zygaenoidea

刺蛾科 Limacodidae

刺蛾亚科 Limacodinae

1.背刺蛾 *Belippa horrida* Walker, 1865	2016年6月17日
2.长腹凯刺蛾 *Caissa longisaccula* Wu et Fang, 2008	2016年8月11日，2017年（6月3日、8月31日）
3.客刺蛾 *Ceratonema retractata* (Walker, 1865)	2017年8月31日，2018年6月16日
4.艳刺蛾 *Demonarosa rufotessellata* (Moore, 1879)	2016年（8月21日、8月29日）
5.长须刺蛾 *Hyphorma minax* Walker, 1865	2017年（5月31日、6月13日）
6.黄刺蛾 *Monema flavescens* Walker, 1855	2016年（7月11日、8月26日），2017年6月5日，2019年6月5日
7.两色绿刺蛾 *Parasa bicolor* (Walker, 1855)	2016年（6月23日、7月7日、7月25日）
8.丽绿刺蛾 *Parasa lepida* (Cramer, 1799)	2016年（8月10日、8月12日），2019年6月1日
9.迹斑绿刺蛾 *Parasa pastoralis* Butler, 1885	2017年5月26日
10.枣奕刺蛾 *Phlossa conjuncta* (Walker, 1855)	2018年6月11日
11.角齿刺蛾 *Rhamnosa angulata kwangtungensis* Hering, 1931	2017年（5月20日、7月7日）
12.锯齿刺蛾 *Rhamnosa dentifera* (Hering et Hopp, 1927)	2019年3月28日
13.纵带球须刺蛾 *Scopelodes contracta* Walker, 1855	2017年5月20日
14.桑褐刺蛾 *Setora postornata* (Hampson, 1900)	2016年8月16日，2017年（6月17日、6月19日）
15.素刺蛾 *Susica pallida* Walker, 1855	2016年（7月12日、7月15日）
16.中国扁刺蛾 *Thosea sinensis* (Walker, 1855)	2019年5月30日

斑蛾科 Zygaenidae

锦斑蛾亚科 Chalcosiinae

1.莱小斑蛾 *Arbudas leno* (Swinhoe, 1900)	2016年（6月21日、8月15日、9月24日），2017年6月5日
2.茶柄脉锦斑蛾 *Eterusia aedea sinica* (Ménétriés, 1857)	2016年9月19日，2018年5月31日
3.重阳木帆锦斑蛾 *Histia rhodope* (Cramer, 1775)	2016年8月15日，2017年6月17日
4.萱草带锦斑蛾 *Pidorus gemina* (Walker, 1854)	2016年（6月21日、9月19日），2017年（6月3日、6月28日）
5.桧带斑蛾 *Pidorus glaucopis* (Drury, 1773)	2016年9月26日，2017年6月17日

中文名索引

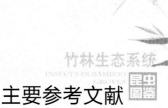

主要参考文献

岸田泰则, 2011. 日本产蛾类标准图鉴 I [M]. 东京: 学研教育出版株式会社.

岸田泰则, 坂卷祥孝, 那须义次, 等, 2013. 日本产蛾类标准图鉴 III [M]. 东京: 学研教育出版株式会社.

岸田泰则, 広渡俊哉, 那须义次, 2013. 日本产蛾类标准图鉴 IV [M]. 东京: 学研教育出版株式会社.

曹友强, 韩辉林, 2016. 山东省青岛市习见森林昆虫图鉴 [M]. 哈尔滨: 黑龙江科学技术出版社.

褚世海, 丛胜波, 侯友朋, 2015. 不同寄主植物对黑点切叶野螟生长发育及营养指标的影响 [J]. 湖北农业科学, 54 (22) : 5593-5595.

崔麟, 刘伟, 李卫春, 2012. 武功山山地草甸尺蛾科昆虫区系研究 [J]. 华中昆虫研究 (15) : 210-220.

方育卿. 2003. 庐山蝶蛾志 [M]. 南昌: 江西高校出版社.

干杰, 方程, 钟玉林, 2015. 三种板栗新记录卷叶网蛾幼虫形态特征与生活习性 [J]. 湖北农业科学, 54 (12) : 3038-3040.

広渡俊哉, 小林茂树, 池内健, 等, 2015. 剑山系の蛾类 ——2010—2011 年の調查結果 [R]. 德島県立博物館研究报告, 25 : 25-40.

韩红香, 薛大勇, 2011. 中国动物志 昆虫纲 第54卷: 鳞翅目尺蛾科尺蛾亚科 [M]. 北京: 科学出版社.

韩红香, 汪家社, 姜楠, 2021. 武夷山国家公园钩蛾科尺蛾科昆虫志 [M]. 西安: 世界图书出版西安有限公司.

韩辉林, 2015. 东北林业大学馆藏鳞翅目昆虫图鉴 I 波纹蛾科 [M]. 哈尔滨: 黑龙江科学技术出版社.

湖南省林业厅, 1992. 湖南森林昆虫图鉴 [M]. 长沙: 湖南科学技术出版社.

黄复生, 2002. 海南森林昆虫 [M]. 北京: 科学出版社.

贾彩娟, 余甜甜, 2018. 梧桐山蛾类 [M]. 香港: 香港鳞翅目学会有限公司.

江崎悌三, 一色周知, 六蒲晃, 等. 1973. 原色日本蛾类图鉴 (上、下) [M]. 东京: 保育社, 1-318.

江崎悌三序, 竹内吉藏, 1973. 原色日本昆虫图鉴 [M]. 东京: 保育社, 1-190.

蒋平, 徐志宏. 2005. 竹子病虫害防治彩色图谱 [M]. 北京: 中国农业科学技术出版社.

居峰, 万志洲, 刘曙雯, 等, 2007. 南京市蛾类区系种类组成的变化及分析 [J]. 江苏林业科技, 34 (5) : 13-21.

李后魂, 2012. 秦岭小蛾类 [M]. 北京: 科学出版社.

李后魂, 任应党, 张丹丹, 等, 2009. 河南昆虫志 鳞翅目 螟蛾总科 [M]. 北京: 科学出版社.

李锦伟, 张丹丹, 2015. 中国长距野螟属二新纪录种 (鳞翅目草螟科野螟亚科) [J]. 昆虫分类学报, 37 (1) : 48-52.

李泽刚, 2014. 白城市尺蛾科、枯叶蛾科昆虫种类调查 [J]. 吉林农业, 2014 (11) : 26-27.

刘红霞, 2014. 中国斑螟亚科 (拟斑螟族、隐斑螟族和斑螟亚族) 分类学研究 (鳞翅目: 螟蛾科) [D]. 天津: 南开大学.

刘红霞, 2017. 贵州省斑螟亚族昆虫多样性调查 [J]. 凯里学院学报, 35 (6) : 61-65.

刘友樵, 白九维, 1977. 中国经济昆虫志 第11册: 鳞翅目卷蛾科 (一) [M]. 北京: 科学出版社.

刘友樵, 武春生, 2006. 中国动物志 昆虫纲 第47卷: 鳞翅目 枯叶蛾科 [M]. 北京: 科学出版社.

王菲, 张瑞芳, 宋明辉, 等, 2017. 徐州市蝴蝶资源调查与分析 [J]. 江苏林业科技, 44 (4): 26-32, 39.

王建国, 林毓鉴, 胡雪艳, 2008. 江西灰尺蛾亚科昆虫名录 (鳞翅目尺蛾科) [J]. 江西植保, 31 (1): 42-48.

王敏, 岸田泰则, 枝惠太郎, 2018. 广东南岭国家自然保护区蛾类增补 [M]. 香港: 香港鳞翅目学会有限公司.

王敏, 岸田泰则, 2011. 广东南岭国家自然保护区蛾类 [M]. 德国: (Keltern): Goecke & Evers.

王治国, 牛瑶, 陈棣华, 1998. 河南昆虫志 鳞翅目 蝶类 [M]. 郑州: 河南科学技术出版社.

武春生, 2001. 中国动物志 昆虫纲 第25卷: 鳞翅目 凤蝶科 [M]. 北京: 科学出版社.

武春生, 方承莱, 2010. 河南昆虫志鳞翅目: 刺蛾科、枯叶蛾科、舟蛾科、灯蛾科、毒蛾科、鹿蛾科 [M]. 北京: 科学出版社.

武春生, 2010. 中国动物志 昆虫纲 第52卷: 鳞翅目 粉蝶科 [M]. 北京: 科学出版社.

武春生, 徐堉峰, 2017. 中国蝴蝶图鉴 [M]. 福州: 海峡书局.

徐丽君, 2015. 中国阔野螟属和卷叶野螟属分类研究 (鳞翅目螟蛾总科斑野螟亚科) [D]. 重庆: 西南大学.

徐天森, 王浩杰, 2004. 中国竹子主要害虫 [M]. 北京: 中国林业出版社.

薛大勇, 韩红香, 姜楠, 2017. 秦岭昆虫志 第8卷: 鳞翅目大蛾类 [M]. 西安: 世界图书出版西安有限公司.

薛大勇, 朱弘复, 1999. 中国动物志 昆虫纲 第十五卷: 鳞翅目 尺蛾科 花尺蛾亚科 [M]. 北京: 科学出版社.

杨平之. 2014. 高黎贡山蛾类图鉴 [M]. 北京: 科学出版社.

虞国跃, 王合, 冯术快, 2016. 王家园昆虫 [M]. 北京: 科学出版社.

虞国跃, 2014. 北京蛾类原色图鉴 [M]. 北京: 科学出版社.

虞国跃, 2017. 我的家园——昆虫图记 [M]. 北京: 电子工业出版社.

云南省林业厅, 中国科学院动物研究所. 1987. 云南森林昆虫 [M]. 昆明: 云南科学技术出版社.

张成玉, 赖永梅, 任广伟, 2014. 青岛市园林树木害虫图鉴 [M]. 北京: 中国农业出版社.

张建华, 丁建云, 武春生, 等, 2017. 北京蛾类昆虫 134 种新纪录名录 [J]. 植物检疫, 31 (4): 70-73.

张磊, 王胤, 张爱环, 2014. 北京松山自然保护区卷蛾科昆虫名录初报 [J]. 北京农学院学报, 29 (3): 46-52.

张培毅, 2011. 高黎贡山昆虫生态图鉴 [M]. 哈尔滨: 东北林业大学出版社.

张巍巍, 李元胜, 2011. 中国昆虫生态大图鉴 [M]. 重庆: 重庆大学出版社.

张志林, 2012. 内蒙古新发现两种林业害虫——小娴尺蠖和蔷薇纹羽蛾 [R]. 内蒙古林业 (11): 47.

张治良, 赵颖, 丁秀云, 2009. 沈阳昆虫原色图鉴 [M]. 沈阳: 辽宁民族出版社.

赵梅君, 李利珍, 2004. 多彩的昆虫世界 中国600种昆虫生态图鉴 [M]. 上海: 上海科学普及出版社.

赵仁友, 2006. 竹子病虫害防治彩色图鉴 [M]. 北京: 中国农业科学技术出版社.

赵仲苓, 2004. 中国动物志 昆虫纲 第36卷: 鳞翅目 波纹蛾科 [M]. 北京: 科学出版社.

中国科学动物研究所, 1979. 中国蛾类图鉴 (IV) [M]. 北京: 科学出版社.

中国科学动物研究所, 1981. 中国蛾类图鉴 (I) [M]. 北京: 科学出版社.

中国科学动物研究所, 1982. 中国蛾类图鉴 (II) [M]. 北京: 科学出版社.

周红春, 李密, 蒋阳, 2011. 湖南发现新害虫 [J]. 中国茶叶学报 (1): 15-16.

周尧, 袁锋, 陈丽珍, 2004. 世界名蝶鉴赏图谱 [M]. 郑州: 河南科学技术出版社.

朱弘复, 1972. 蛾类图册[M]. 北京：科学出版社.

朱弘复, 2000. 中国动物志　昆虫纲　第27卷：鳞翅目　卷蛾科[M]. 北京：科学出版社.

朱弘复, 2004. 中国动物志　昆虫纲　第38卷：鳞翅目　蝙蝠蛾科　蛱蛾科[M]. 北京：科学出版社.

朱弘复, 王林瑶, 1997. 中国动物志　昆虫纲　第11卷：鳞翅目　天蛾科[M]. 北京：科学出版社.

朱弘复, 王林瑶, 1980. 中国经济昆虫志　第22册：鳞翅目　天蛾科[M]. 科学出版社.

朱弘复, 王林瑶, 1991. 中国动物志　昆虫纲　第3卷：鳞翅目　圆钩蛾科　钩蛾科[M]. 北京：科学出版社.

朱弘复, 王林瑶, 1996. 中国动物志　昆虫纲　第5卷：鳞翅目　蚕蛾科　大蚕蛾科　网蛾科[M]. 北京：科学出版社.

CHAOVALIT S, PINKAEW N, 2020. Checklist of the Tribe *Spilomelini* (Lepidoptera: Crambidae: Pyraustinae) in Thailand[J]. Agriculture and Natural Resources, 54 (5) : 499-506.

CHEN F., SONG S., WU C, 2006. A review of the genus *Eristena* Warren in China (Lepidoptera: Crambidae: Acentropinae) [J] . Aquatic Insects, 28 (3) : 229-241.

EBBE S NIELSEN, GADEN S ROBINSON, DAVID L WAGNER, 2000. Ghost-moths of the world: a global inventory and bibliography of the Exoporia (Mnesarchaeoidea and Hepialoidea) (Lepidoptera) [J]. Journal of Natural History, 34 (6) : 823-878.

HAN H., XUE D., 2011. Thalassodes and related taxa of emerald moths in China (Geometridae, Geometrinae) [J]. Zootaxa (3019) : 26-50.

LU X., DU X., 2020. Revision of *Nagiella* Munroe (Lepidoptera, Crambidae) , with the description of a new species from China[J]. ZooKeys (964) :143-159.

MALLY R , NUSS M , 2013. Phylogeny and nomenclature of the box tree moth, *Cydalima perspectalis* (Walker, 1859) comb. n. which was recently introduced into Europe (Lepidoptera: Pyraloidea: Crambidae: Spilomelinae) [J]. European Journal of Entomology (107) :393-400.

MINYOUNG KIM, YOUNG-MI PARK, IK-HWA HYUN, 2014. A Newly Known Genus *Charitoprepes* Warren (Lepidoptera: Pyraloidea: Crambidae) in Korea, with Report of *C. lubricosa* Warren[J]. Korean Journal of Applied Entomolog, 53 (3) :301-303.

MISBAH, U., YANG, Z., QIAO P., 2017. A new cryptic species of *Nagiella* Munroe from China revealed by DNA barcodes and morphological evidence (Lepidoptera, Crambidae, Spilomelinae) [J]. ZooKeys (679) : 65-76.

NABANEETA SAHA , GAUTAM ADITYA , ANIMESH BAL GOUTAM KUMAR SAHA, 2007. A comparative study of predation of three aquatic heteropteran bugs on Culex quinquefasciatus larvae [J]. Limnology (8) :73-80.

PAN Z., ZHU C., WU C., 2013. A review of the genus *Monema* Walker in China (Lepidoptera:Limacodidae) [J]. ZooKeys (306) :23-36.

PARSONS MS, SCOBLE MJ, HONEY MR, et al., 1999. The catalogue. In: Scoble MJ (Ed.) Geometrid Moths of the World: a Catalogue (Lepidoptera, Geometridae) [M]. CSIRO, Collingwood, 1-1016.

QI M., SUN Y., LI H., 2017. Taxonomic review of the genus *Orybina* Snellen, 1895 (Lepidoptera, Pyralidae, Pyralinae) , with description of two new species[J]. Zootaxa (4303) :545-558.

RONG, H., LI H., 2017. Review of the genus *Locastra* Walker, 1859 from China, with descriptions of four new species (Lepidoptera, Pyralidae, Epipaschiinae) [J]. Zookeys, 724 (1929) : 101-118.

SMITHSONIAN INSTITUTION, 1925. The Transactions of the Entomological Society of London [M]. The thomas lincoln casey library.

Ullah, Misbah, Yang Z, et al., 2017. A new cryptic species of *Nagiella* Munroe from China revealed by DNA barcodes and morphological evidence (Lepidoptera, Crambidae, Spilomelinae) [J]. ZooKeys (679) :65-76.

WANG M., CHEN F., WU C., 2017. A review of *Lista* Walker, 1859 in China, with descriptions of five new species (Lepidoptera, Pyralidae, Epipaschiinae) [J]. ZooKeys (642) :97-113.

图书在版编目（CIP）数据

竹林生态系统昆虫图鉴. 第二卷/梁照文，孙长海，翁琴主编. —北京：中国农业出版社，2022.12
ISBN 978-7-109-30770-4

Ⅰ.①竹… Ⅱ.①梁…②孙…③翁… Ⅲ.①竹林-森林生态系统-昆虫-图集②夜蛾科-图集 Ⅳ.①S718.7-64

中国国家版本馆CIP数据核字（2023）第101886号

竹林生态系统昆虫图鉴 第二卷

ZHULIN SHENGTAI XITONG KUNCHONG TUJIAN DIERJUAN

中国农业出版社出版
地址：北京市朝阳区麦子店街18号楼
邮编：100125
责任编辑：冀 刚 文字编辑：李 辉
版式设计：王 晨 责任校对：吴丽婷 责任印制：王 宏
印刷：中农印务有限公司
版次：2022年12月第1版
印次：2022年12月北京第1次印刷
发行：新华书店北京发行所
开本：787mm×1092mm 1/16
印张：26.25
字数：606千字
定价：396.00元